[青少年太空探索科普丛书 · 第 2 辑]

SCIENCE SERIES IN SPACE EXPLORATION FOR TEENAGERS

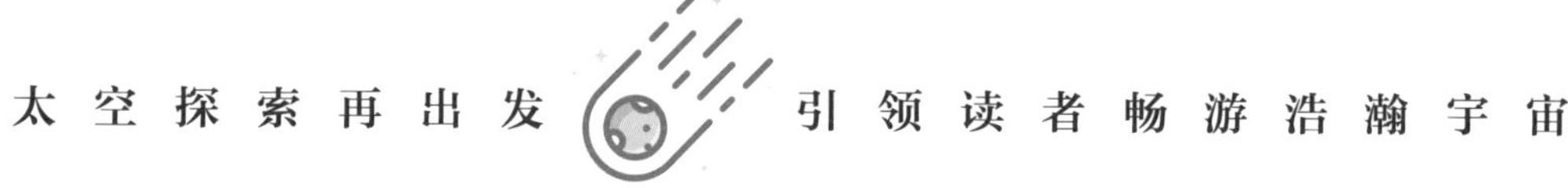

神秘的彗星

焦维新○著

辽宁人民出版社 | 辽宁电子出版社

图书在版编目（CIP）数据

神秘的彗星 / 焦维新著 . — 沈阳：辽宁人民出版社，2021.6（2022.1 重印）
（青少年太空探索科普丛书 . 第 2 辑）
ISBN 978-7-205-10192-3

Ⅰ . ①神… Ⅱ . ①焦… Ⅲ . ①天文学—青少年读物 Ⅳ . ① P1-49

中国版本图书馆 CIP 数据核字（2021）第 091827 号

出　　版：辽宁人民出版社　辽宁电子出版社
发　　行：辽宁人民出版社
地址：沈阳市和平区十一纬路 25 号　邮编：110003
电话：024-23284321（邮　购）　024-23284324（发行部）
传真：024-23284191（发行部）　024-23284304（办公室）
http://www.lnpph.com.cn
印　　刷：北京长宁印刷有限公司天津分公司
幅面尺寸：185mm × 260mm
印　　张：9.5
字　　数：155 千字
出版时间：2021 年 6 月第 1 版
印刷时间：2022 年 1 月第 2 次印刷
责任编辑：贾　勇　蔡　伟
装帧设计：丁末末
责任校对：冯　莹
书　　号：ISBN 978-7-205-10192-3

定　　价：59.80 元

前言
PREFACE

2015 年，知识产权出版社出版了我所著的《青少年太空探索科普丛书》（第 1 辑），这套书受到了读者的好评。为满足读者的需要，出版社多次加印。其中《月球文化与月球探测》荣获科技部全国优秀科普作品奖;《揭开金星神秘的面纱》荣获第四届“中国科普作家协会优秀科普作品银奖”;《北斗卫星导航系统》入选中共中央宣传部主办、中国国家博物馆承办的“书影中的 70 年——新中国图书版本展”。从出版发行量和获奖的情况看，这套丛书是得到社会认可的，这也激励我进一步充实内容，描述更广阔的太空。因此，不久就开始酝酿写作第 2 辑。

在创作《青少年太空探索科普丛书》（第 2 辑）时，我遵循这三个原则：原创性、科学性与可读性。

当前，社会上呈现的科普书数量不断增加，作为一名学者，怎样在所著的科普书中显示出自己的特点？我觉得最重要的一条是要突出原创性，写出来的书无论是选材、形式和语言，都要有自己的风格。如在《话说小行星》中，将多种图片加工组合，使读者对小行星的类型和特点有清晰的认识；在《水星奥秘 100 问》中，对大多数图片进行了艺术加工，使乏味的陨石坑等地貌特征变得生动有趣；在关于战争题材的书中，则从大量信息中梳理出一条条线索，使读者清晰地了解太空战和信息战是由哪些方面构成的，美国在太空战和信息战方面做了哪些准备，这样就使读者对这两种形式战争的来龙去脉有了清楚的了解。

教书育人是教师的根本任务，科学性和严谨性是对教师的基本要求。如果拿不严谨的知识去教育学生，那是误人子弟。学校教育是这样，搞科普宣传也是这样。因此，对于所有的知识点，我都以学术期刊和官方网站为依据。

图书的可读性涉及该书阅读和欣赏的价值以及内容吸引人的程度。可读性高的科普书，应具备内容丰富、语言生动、图文并茂、引人入胜等特点；虽没有小说动人的情节，但有使人渴望了解的知识；虽没有章回小说的悬念，但有吸引读者深入了解后续知识的感染力。要达到上述要求，就需要在选材上下功夫，在语言上下功夫，在图文匹配上下功夫。具体来说做了以下努力。

1. 书中含有大量高清晰度图片，许多图片经过自己用专业绘图软件进行处理，艺术质量高，增强了丛书的感染力和可读性。

2. 为了增加趣味性，在一些书的图片下加了作者创作的科普诗，可加深读者对图片内涵的理解。

3. 在文字方面，每册书有自己的风格，如《话说小行星》和《水星奥秘100问》的标题采用七言诗的形式，读者一看目录便有一种新鲜感。

4. 科学与艺术相结合。水星上的一些特征结构以各国的艺术家命名。在介绍这些特殊结构时也简单地介绍了该艺术家，并在相应的图片旁附上艺术家的照片或代表作。

5. 为了增加趣味性，在《冥王星的故事》一书中，设置专门章节，数字化冥王星，如十大发现、十件酷事、十佳图片、四十个趣事。

6. 人类探索太空的路从来都不是一帆风顺的，有成就，也有挫折。本丛书既谈成就，也正视失误，告诉读者成就来之不易，在看到今天的成就时，不要忘记为此付出牺牲的人们。如在《星际航行》的运载火箭部分，专门加入了“运载火箭爆炸事故”一节。

十本书的文字都是经过我的夫人刘月兰副研究馆员仔细推敲的，这个工作量相当大，夫人可以说是本书的共同作者。

在全套书内容的选择上，主要考虑的是在第1辑中没有包括的一些太阳系天体，而这些天体有些是人类的航天器刚刚探测过的，有许多新发现，如冥王星和水星。有些是我国正计划要开展探测的，如小行星和彗星。还有一些是太阳系富含水的天体，这是许多人不甚了解的。第二方面的考虑是航天技术商业化的一个重要方向——太空旅游。随着人们生活水平的提高，旅游已经成为日常生活必不可少的活动。神奇的太空能否成为旅游目的地，这是人们比较关心

的问题。由于太空游费用昂贵，目前只有少数人能够圆梦，但通过阅读本书，人们可以学到许多太空知识，了解太空旅游的发展方向。另外，太空旅游的方式也比较多，费用相差也比较大，人们可以根据自己的经济实力，选择适合自己的方式。第三方面，在国内外科幻电影的影响下，许多人开始关注星际航行的问题。不载人的行星际航行早已实现，人类的探测器什么时候能进行超光速飞行，进入恒星际空间，这个话题也开始引起人们的关注。《星际航行》就是满足这些读者的需要而撰写的。第四方面是直接与现代战争有关的题材，如太空战、信息战、现代战争与空间天气。现代战争是人们比较关心的话题，但目前在我国的图书市场上，译著和专著较多，很少看到图文并茂的科普书。这三本书则是为了满足军迷们的需要，阅读了美国军方的大量文件后书写完成。

《青少年太空探索科普丛书》（第 2 辑）的内容广泛，涉及多个学科。限于作者的学识，书中难免出现不当之处，希望读者提出批评指正。

本套图书获得国家出版基金资助。在立项申请时，中国空间科学学会理事长吴季研究员、北京大学地球与空间科学学院空间物理与应用技术研究所所长宗秋刚教授为此书写了推荐信。再次向两位专家表示衷心的感谢。

焦维新

2020 年 10 月

目录 CONTENTS

第 1 章

揭开彗星神秘的面纱

你真正了解什么是彗星吗？从古至今有多少名人学者都在研究它。你知道它是由什么组成的，分别都有什么类型吗？让我们一起来揭开彗星神秘的面纱。

彗星的神秘色彩

▶ 古人对彗星的认识

“少见多怪”是一句成语，这个词用在古人对彗星的认识上是再确切不过了。在人们的日常生活中，太阳是必不可少的；只要天气情况允许或者是我们善于观察，每个月里的大部分时间都可以看到月球和金星。因此，尽管我们对这些天体的特性不了解，但因经常可以看到它们，所以就不觉得奇怪了。可彗星却不然，不仅见到的机会少，而且样子也确实奇怪。别的天体几乎都是球形的，唯独这个“家伙”说圆不圆，说方不方，长着一颗明亮的头，拖着一条长长的尾巴，简直就是“妖怪”，难怪人们对它没有好印象，每当它出现在天空，人们总是把它与战争、饥荒、洪水和瘟疫等灾难联系在一起。下面列举几个例子。

公元前 1486 年，古埃及最伟大的法老之一图特摩斯三世站在宫殿的阳台上，他正俯瞰他的领土。突然，天空出现了一个比满月还大的耀眼圆盘！在随后的 20 年间，世界上发生了多次战争。20 世纪 80 年代，在对所有相关的历史记载进行分析之后，有人提出公元前 1486 年图特摩斯三世看到的那个耀眼圆盘很可能是一颗彗星。而在我国马王堆出土的关于占星的帛书中记载着人们曾观测到 10 尾彗星，时间也恰巧是公元前 1486 年，这颗拖着 10 条彗尾的彗星与图特摩斯三世看到的可能是同一颗。根据周期计算，这颗彗星可能是编号为 12P 的庞士 - 布鲁克斯彗星（周期约为 71 年）。

公元前 44 年，天空中出现了一颗彗星（凯撒彗星），这颗彗星出现时正值罗马帝国终身独裁官盖乌斯 · 尤利乌斯 · 凯撒（公元前 100—前 44 年）遇刺身亡不久。凯撒死后按照法令被列入众神行列，而此时罗马人连续七天看到这颗大彗星，则把它当作凯撒神化的象征。

公元 66 年，耶路撒冷的上空出现了彗星，不久之后这个城市被毁于一旦，当时人们便以为这是彗星预示的结果。

▲ 大圆盘示意图

公元 451 年，出现了彗星，当时恰值罗马和匈奴发生了战争，人们便将这两件事联系在一起。

公元 590 年又出现了彗星，当时欧洲各国鼠疫成灾，人们又认为这是彗星带来的。

公元 1066 年彗星出现时，欧洲发生了海斯丁大战。诺曼底公爵威廉起兵攻打英格兰，英格兰国王哈罗尔率军抵抗却最终战败，威廉在英国伦敦登上皇帝宝座。欧洲人把这次战争和彗星联系起来，说威廉是在这颗彗星的引导下攻入英格兰的。

人类早期对彗星的观测

▶ 中国古代对彗星的观测与研究

中国对彗星的观察和研究已有四千多年的历史，拥有世界上最早、最完整的彗星记录。我国古代称彗星为“星孛”。《春秋》一书记载:“鲁文公十四年秋七月，有星孛入于北斗。”鲁文公十四年是公元前613年，距今已有2600多年，这是世界上第一次关于哈雷彗星的确切记录。西方对这颗彗星的记录最早是在公元66年，比我国要晚670余年。

哈雷彗星是一颗周期彗星，每76年出现一次，从鲁文公十四年开始到清代宣统二年（1910年）止，哈雷彗星出现过31次，每次出现，我国都有详细的记录。如《史记·秦始皇本纪》记载:“始皇七年，彗星先出东方，见北方，五月见西方，……彗星复见西方十六日。”这段记载的年、月、日数，位置和近代科学家推算的完全相符。到战国时代，我国对彗星的观测已经积累了较为丰富的经验。关于彗尾的成因，中国也较早就有了比较正确的解释，《晋书·天文志》记载:“彗体无光，傅日而为光，故夕见则东指，晨见则西指。在日南北，皆随日光而指。顿挫其芒，或长或短……”而欧洲在16世纪以前一直误认为彗星是大气中的一种燃烧现象。

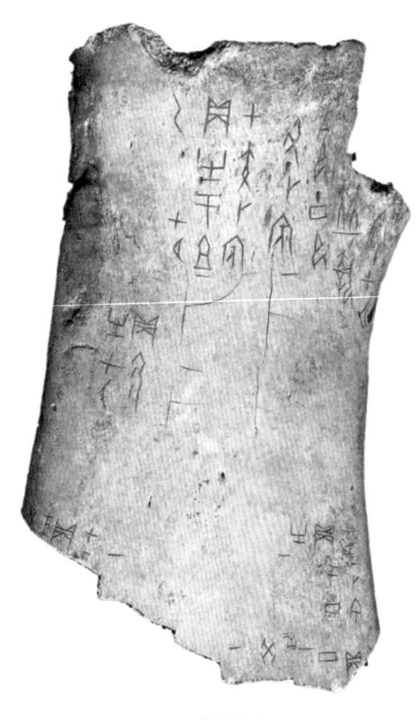

▲ 甲骨文

约公元前700年，甲骨文（河南安阳出土）上已有彗星观察的记载。

进入战国时代，我国古人对彗星的观测已经积累了相当丰富的经验。长沙马王堆三号汉墓帛书中有画着各种形状彗星的《彗星图》共计29幅。在这29幅图中，彗星的名称共有18个，其中有一半是过去文献中没有见过的。

据考证，这大概是楚人汇集的观测成果。从这些图可以发现，当时人们已经注意到彗星的不同形状了。他们绘画的彗尾，有宽有窄，有长有短，有弯有直，彗尾条数多少不一。绘画中的彗头，有的是一个圆圈，有的是圆形的点，有的圆圈中心还有一个小圆点或一个圆圈。这种认识表明了古人观察的精细，在今天来看也是科学的。汉墓帛书可以说是世界上关于彗星形态的最早记录了。

观测细腻绘制精，结构类型标注清。
科学价值冠世界，百姓得以识彗星。

这些《彗星图》描绘的 29 个彗星（原有 30 个，其中有 1 个图文不清）形态各异，这些图形都应是有真实基础和有确定物理意义的，是对彗星的彗头、彗核、彗发、彗尾的较为全面、系统、准确的描述，其观察之细致，理解之透彻，认识之深刻，不仅要早于西方近 2000 年，而且在很多地方要远超出今天的水平，不能不令人惊叹！

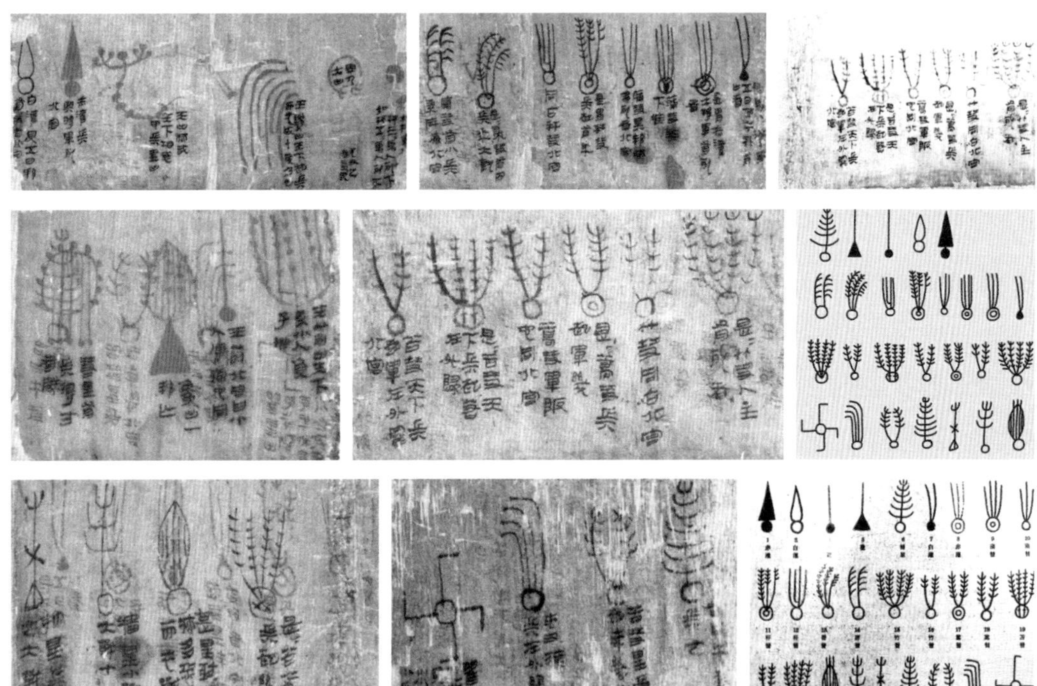

▲ 彗星图

彗头、彗核和彗盘——在《彗星图》上是由大小和明暗不同的圆圈绘出，直接清楚地表明彗头的大小和发光的强弱。其中，多数彗头画成单圈形式，表明外部高温等离子彗盘或者过于明亮掩盖着内部的彗核（如高能级大彗星），或者发光和反射光过于势弱，显现出的主要就是彗核本身（如低能级小彗星）。其中还有一种大圆圈套小圆圈的双圈图形，其外圈是彗盘的轮廓，内圈表示的正是彗核的轮廓，因为彗核的辐射强度和频段相对于彗盘为低，故表现出较大的灰暗反差。现代天文观测已经发现有这种彗核同彗盘轮廓分明的彗星，如那颗最先发现有甲基氰和烃基射电谱线的著名的1973f彗星，在当年紫金山天文台通过天文望远镜拍摄的一张光学图片上就表现有同外圈彗盘界线比较分明的彗核暗区。而且，1996年ROSTA探测器对百武彗星首次拍摄到的X射线图像，在朝向太阳一面的半月形分布也显示出彗核同彗盘间的界线。而现有彗星理论还没有明确的彗盘等离子体区的概念，对观测到的彗核的光学暗区和X射线分布区也不能给出合理的解释。在2000多年前的中国《彗星图》中的双圈彗头图形已经表现出了彗核和彗盘的结构，仅这一点就比现有的彗星理论要深刻得多。

彗尾和彗发——在《彗星图》上是由多个数量不同、姿态各异的彗发描绘出各类彗尾。图形中彗发线条有粗细弯直之分，同时显示出曲率方向；彗发数量有单条、双条、多条之分，有带分支和不带分支之分，还有无尾和异常反尾之分。这些，在现代观测中基本上都可以找到所对应的很多实例。《彗星图》中的无尾彗星，喷射能力减弱，只是在很接近太阳时才有物质喷射，这已经很接近普通的小行星了。著名的恩克彗星就是一个已经演化为无尾彗星的典型实例。而小行星本来就是彗星不断衰变的最终产物，因能量和磁性降低逐渐停止喷射，最终失去了尾巴，就演变为普通的小行星了。彗星同小行星本来就有亲缘关系，在《彗星图》上将接近小行星性质的无尾彗星作为特例编入彗星之列，充分反映出中国古人对彗星同小行星在天体演化过程中的内在联系有着极其深刻的认识。《彗星图》中所描绘的彗发的不同曲率方向，正是具有相反电荷或相反磁极方向的离子在电磁场中所表现的不同偏转方向。而《彗星图》上一些彗发上的芒刺形的分支结构，也已经在著名的威斯特、哈雷、海尔－波普等彗星中不同程度地显现出来了。这应是相邻彗发中的离子又继续合成新离子所表现出的动量和偏转方向的变化。而现代射电观测通过窄带滤波虽然已经可以区分出具有不同分子或离子组成的彗发主干的物质流，但尚未能识别或没有注意到彗发分支的物质流形式及其成分。如果能在检测技术上进一步改进完善，应当是能够分辨出分支的物质组成及其同彗发主干的物质组成的内在联系的。若可以得到实验观测证实，无疑将是对彗星认识的一大突破，也是对中国古代对彗星认识所具有的超高水平的进一步认定。

▶ 古代西方对彗星的观测与研究

古希腊人最早尝试科学地对彗星进行解释，比如古希腊数学家毕达哥拉斯（公元前 570—前 495 年）认为彗星只有唯一的一颗。阿那克萨戈拉（公元前 500—前 428 年）和德谟克利特（公元前 460—前 370 年）认为彗星是离得很近的行星。希波克拉底（公元前 470—前 410 年）相信彗星其实就是行星，而彗尾则是彗星从地球上劫取的水蒸气。

亚里士多德（公元前 384—公元前 322 年）对以上这些看法都不认同，他相信宇宙是完美的，行星只能在黄道上做环形轨道运动，而彗星会出现在天空中的任何一个方向，并且行星相合的时候并不会都伴随着彗星的出现，因此他提出彗星只不过是地面上的蒸汽升到了空中被点燃了，如果其光芒是朝各个方向延伸的就称为彗星或者长头发星星，如果光芒只朝一个方向延伸的就称为长胡子星星。

在著名的白昼大彗星——1106 年大彗星（X/1106 C1）出现的时候，虽然当时并没有随之发生什么巨大变故，但是人们仍然对其抱有迷信的看法。1106 年 2 月 2 日，这颗大彗星明亮到白天都可以看到。在一本大约成书于 1137 年的亚美尼亚史书中可以看到以下的一段记载：“一颗可怕的、巨大的、令人震惊的彗星出现了，每一个看到它的人都感到莫名的恐惧。智者们称它是国王的启示，他们说即将有一位可以征服所有人类的国王要诞生在这个世上。”然而，时间验证了一切，这颗大彗星的出现并没有带来任何变化。

这种思想在 13 世纪有所改观，科学理性的观点开始回归。莱西纳的埃吉迪乌斯（公元 1230—1304 年）对 1264 年大彗星（C/1264 N1）进行了观测，并对此做出了详细的观测报告：“这颗大彗星首先出现在夜晚的天空中，随着日子的流逝，它逐渐落在了黄昏的蒙影中并消失。”接着他又写道:“同样的一颗彗星重新出现在了黎明的天空中。”通过这样的观测我们很容易推理出来这两个目标其实就是同一颗彗星，埃吉迪乌斯显然也是这么认为的。

但是在当时那个年代，伪科学仍然占据上风。法国里摩日的彼得（1306年去世）曾经写过关于彗星 C/1299 B1 的专著，他在专著中写到了他对这颗彗星的测量结果，当时他使用的是中世纪天文仪器——赤基黄道仪。尽管他的研究方法是科学的，但是他得出来的结论却认为金星和木星看起来对彗星具有影响，他认为金星和木星可以减少彗星带来的对疾病的影响，并且如果我们彼此之间公正无私，上帝会显示出他的仁慈来帮助人们渡过彗星带来的劫难。

在 15 世纪，有两位科学家尝试确认彗星的距离。奥地利天文学家乔治范派尔巴赫（公元 1423—1461 年）测量了彗星的视差，视差就是在不同的地点观测同一个目标，其在背景星空上的位置会发生变化，从而通过几何学就可以计算出彗星的距离。当时他就成功地测量到了 1456 年回归的哈雷彗星的视差。然而，他的测量结果却显示哈雷彗星是大气中的现象，他的学生雷乔蒙塔努斯（公元 1436—1476 年）也得出了同样错误的结论。他的另外一次测量也得出了完全相同的结论——他对 C/1471 Y1 彗星的观测发现这颗彗星距离我们有 9 个地球半径的高度，这个距离仍然在他所认为的地球大气之中。因此当时的人们继续把彗星当作是地球大气的现象。

1531 年哈雷彗星再次回归，彼得 · 阿皮昂（公元 1495—1552 年）详细描述了彗星的运行过程，从中他取得了一项突破性的进展，他第一次发现彗尾总是向着太阳的反向延伸。但是这仍没解决彗星是否是地球大气内的现象这一关键的问题。

亚里士多德对于彗星的观点一直影响到了哥白尼的时代，尼古拉斯 · 哥白尼虽然否定了地心说，但是他仍然相信彗星是地球大气的产物，他曾经这样写道:“地球最高层的大气跟随着天体一起运动，这就解释了那些忽然出现的天体——彗星，为什么会像其他星星一样东升西落，因为它们是地球最高层大气的产物。”

真正动摇亚里士多德彗星理论的是 1577 年出现的 C/1577 V1 彗星，这颗彗星于 11 月 2 日在秘鲁被首次观测到。一个星期后，欧洲的人们也看到了

这颗彗星。很多天文观测者都对它进行了测距，有些观测者得出结论认为它是地球大气内的产物，而另外一些观测者则计算出它是在大气以外的宇宙空间中的天体。其中最具重量级的观点来自丹麦天文学家第谷（公元 1546—1601 年）的观测。第谷使用的是他用来测量恒星视差的仪器来测量彗星的视差，通过测量他发现彗星相对于背景星空并没有很显著的位移，从而得出结果，该彗星距离地球有 230 个地球半径那么远，这远在月球轨道之外。随后，第谷在他的专著中反驳了亚里士多德的理论，提出彗星是运行在椭圆轨道上的环绕太阳公转的天体。这一发现终于使人们对彗星的认识上了一层台阶，不过让第谷大为失色的是他仍然认为彗星喷射出的彗尾是有毒的。

尽管第谷已经取得了巨大的成就，但是还有一些著名的科学家对此抱有质疑，甚至伽利略（公元 1564—1642 年）在他 1623 年写的书《试金者》中写道："彗星不是行星，它并不像行星那样运动。"他认为彗星不过是地面上蒸发

▲ C/1577 V1 彗星

的气体，第谷的测量结果是错误的，那不过是眼睛的错觉。

到了 17 世纪，1664 年出现了一颗大彗星（C/1664 W1），在天空中从 1664 年 11 月一直持续到 1665 年 3 月。在朝鲜，当时的李氏王朝因此加倍防御所有的港口，加强了军备并建设了许多堡垒。伦敦的人们纷纷感到惊慌，特别在当时黑死病有蔓延的迹象，这场疾病最终导致了伦敦 10 万人的死亡，而这恰好发生在彗星闪耀在天空中的时候。如果一颗彗星还不够的话，1665 年 3 月底又出现了另外一颗彗星，彗尾长达 20°，这不得不说只是一场巧合。

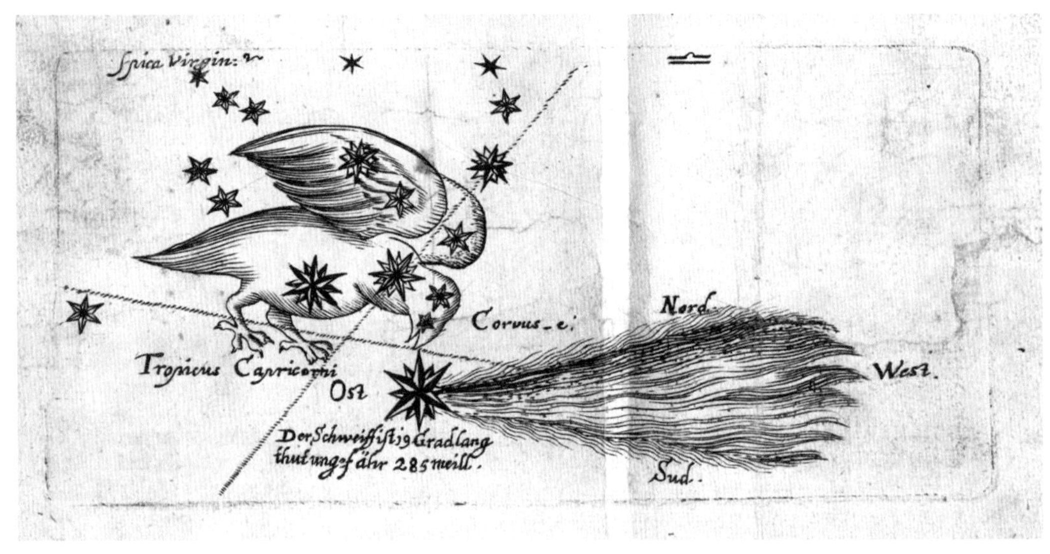

▲ 彗星 C/1664 W1

1680 年大彗星（C/1680 V1）是人类首次通过天文望远镜发现的彗星。德国天文学家哥特弗里德 · 基尔希（公元 1639—1710 年）正打算要测量恒星位置的时候观测到一个星云状的目标出现在了不寻常的位置上。接着他对这个目标进行了持续的观测，最终这颗彗星达到了肉眼可见的亮度。1687 年，艾萨克 · 牛顿（公元 1642—1727 年）计算了这颗彗星的运行轨迹，牛顿成为确定这颗彗星轨道的第一人。他计算出来彗星不可能是大气中的产物，亚里士多德的理论终于被扔进了历史的垃圾堆。

1695 年，已是皇家学会书记官的爱德蒙 · 哈雷开始专心致志地研究彗星。他从 1337 年以来的彗星记录中挑选了 24 颗彗星，用一年时间计算了它们的轨道。他发现 1531 年、1607 年和 1682 年出现的这三颗彗星轨道看起来如

▲ 1680 年大彗星

出一辙，虽然经过近日点的时刻有一年之差，但可解释为是由于木星或土星的引力摄动所造成的。一个念头在他脑海中迅速地闪过：这三颗彗星可能是同一颗彗星的三次回归。但哈雷没有立即下此结论，而是不厌其烦地向前搜索，发现 1456 年、1378 年、1301 年、1245 年，一直到 1066 年，历史上都有大彗星的记录。

在哈雷生活的那个时代，还没有人意识到彗星会定期回到太阳附近。自从哈雷产生这个大胆的念头后，便怀着极大的兴趣投入到对彗星的观测研究中。在通过大量的观测、研究和计算后，他大胆地预言 1682 年出现的那颗彗星，将于 1758 年底或 1759 年初再次回归。他意识到自己无法亲眼看见这颗彗星的再次回归，于是，他以幽默而又带点遗憾的口吻说：如果彗星根据我的预言确实在 1758 年回来了，公平的后人大概不会拒绝承认这是由一位英国人首先发现的。

在哈雷去世16年后，1758年底，这颗第一个被预报回归的彗星被一位业余天文学家观测到了，它准时地回到了太阳附近。哈雷在18世纪初的预言，经过半个多世纪的时间终于得到了证实。后人为了纪念他，把这颗彗星命名为“哈雷彗星”。

▶ 彗星对人类文化的影响

彗星对人类文化的影响并不仅仅限于各种传说和神话。纵观人类发展的历史，特别是在人类有了文字以后，无论是对彗星的描述，还是人们加以想象而创作出来的各种科幻作品，都极大地丰富了人类的文化生活。同时，也促使学者对彗星深入思考：彗星到底是一种什么样的天体？它们与人类已经熟悉的行星和月亮到底有什么不同？这也进一步促进了人类对彗星的观测与研究。

早在18世纪，法国启蒙时代思想家、哲学家、文学家，被称为“法兰西思想之父”的伏尔泰和法国数学家、物理学家、哲学家莫佩尔蒂都发表了关于

▲ 收录在《大气：大众气象学》一书中的弗拉马里翁的版画

▲ 艺术作品中的哈雷彗星

彗星的论述。在 19 世纪，与彗星有关的科幻作品急剧增加，代表作有美国作家埃德加 · 爱伦 · 坡创作的短篇小说 *The Conversation of Eiros and Charmion*；法国天文学家、作家弗拉马里翁于 1888 年出版的书《大气：大众气象学》；弗拉马里翁出版的另一本书 *La Fin du Monde* 由梁启超翻译为《世界末日记》，这是一本科幻小说，讲的是一颗彗星撞击地球后数百年间生物逐渐灭绝的事件。

法国小说家、剧作家、诗人、现代科幻小说的重要开创者之一的儒勒 · 凡尔纳的科幻小说《彗星大逃亡》，讲述的是一颗彗星突然与地球相撞，使天空、海上和地面都出现了巨大变化，地中海附近的一些居民发现他们已经被带到了一颗彗星上，从此开始了别无选择的太阳系历险。彗星上共有 36 人，有美国人、英国人、俄国人、西班牙人、法国人、犹太人等，每个人性格迥异，处世方式也截然不同。在这样一个小小的世界里，他们在一位法国上尉的带领下，同舟共济，战胜了太空严寒等种种困难，后来他们得知，这颗彗星会在两年后再与地球相撞，他们要用什么办法才能重返地球呢？

随着人类进入航天时代，开始了对彗星的天基观测，对彗星的了解也更加深入。但相当多的作品，仍把彗星撞击地球作为主题。如电视系列片《降世神通》、电影《彗星之夜》以及日本动画片《你的名字》等。其中最有代表性的莫过于影片《天地大相撞》。

影片《天地大相撞》（*Deep Impact*）是一部美国科幻灾难电影，由派拉蒙电影公司和梦工场于 1998 年 5 月 8 日发行。影片描述了一颗彗星将要撞击地球，灾难无法避免时，国家实行了最后的“方舟”计划，拯救地球的故事。年仅 14 岁的天文爱好者莱奥 · 毕德曼无意中发现了一颗未知的彗星，后来这颗彗星以他的名字命名为“毕德曼彗星”。但是科学家们很快就发现它将要直接撞击地球，并引起毁灭性灾难。电视主持人珍妮 · 莱纳在报道导致财政部长下台的丑闻时，无意中发现了天地大相撞的消息。总统要求珍妮将此秘密保守两天。两天后，总统在记者招待会上宣布，将派一支经过特殊训练的航天员到太空去炸毁撞向地球的彗星。前著名航天员坦纳接受命令，率领五名航天员乘美、俄联合制造的“弥赛亚”号飞船登上彗星，并在之上设置核弹，凭借爆炸的力量使彗星转向，以避免地球灾难的发生。但是因为对彗星结构分析的不足，核爆

▲ 1910 年的哈雷彗星

使彗星分成大小两块仍旧朝地球飞去，“弥赛亚”号则在行动失败后与指挥部失去了联系。随着彗星与地球的距离越来越近，人类已无法改变彗星撞击地球的命运。地球虽不致因为撞击而消失，但是地球的生命系统将被摧毁。接下来的日子里，人人面临着生存的考验，地球上陷入一片混乱。美国政府为了以防万一，特意建造了一个如同诺亚方舟的地下掩体，用来保存物种并延续人类文明。撞击的日子终于到来了，较小的一块彗星以高速撞进了大西洋，纽约、波士顿、费城等地被海啸引起的巨浪所吞没。值得庆幸的是，“弥赛亚”号飞船又与地球指挥部取得了联系，英雄的航天员们毅然启动最后的核爆装置，冲向较大的一块彗星，彗星分解成无数小块化作一片壮丽的流星雨，地球终于获救。

彗星的真面目

▶ 彗星是什么?

彗星，俗称扫帚星，是由岩石、冰和尘埃构成的太阳系小天体。与太阳系其他天体一样，都是围绕太阳公转，只是形状特殊，出没无常，因此，彗星的出现常被人们认为是不祥之兆。

▲ 各式各样的彗星

彗星为什么会像扫把一样拖着一条长长的尾巴呢？其实，彗星在“出生地”也不是这样的，远离“家门”以后才模样大变。彗星的出生地距离太阳路途遥远，一般在离太阳最远的行星海王星轨道之外。因为离太阳远，所以那里非常寒冷，而彗星又含有大量的水，所以彗星就是冰块和岩石块的混合体，外表很像一颗接近于球形的小行星。在过往较大天体的扰动下，这颗冰冻天体的轨道发生了变化，开始向内太阳系运动。越向内运动温度越高，于是，冰块开始融化，变成水蒸气。在太阳风的作用下，水蒸气夹带着尘埃粒子，往背向太阳的方向运动，就形成了尘埃尾。太阳风是由带电粒子构成的，作用到水蒸气和尘埃粒子上后，使一些粒子电离，这些被电离的粒子在太阳风电场的作用下，也往后运动，但与尘埃尾的方向不同，形成了另一条尾巴。这样，彗星就彻底改变模样了。

▶ 彗星的结构

彗星由彗头和彗尾组成。彗头包括彗核和彗发两部分，彗尾包括尘埃尾和离子尾两部分。

彗核是彗星中心的固体部分，小而亮，直径从几百米到十几千米，主要由岩石和凝结成冰的水、二氧化碳（干冰）、氨和尘埃微粒混杂组成，是个“脏雪球”。彗核加热不均匀可导致新生成的气体打破彗核表面比较脆弱的点，像一个间歇泉，这些气体和尘埃的流动可能引起彗核的自旋，甚至使它分裂。

哈雷彗星的核像马铃薯（16 千米 ×8 千米 ×8 千米），由等量的冰和尘埃组成，而冰的 80% 是水冰，15% 是一氧化碳，其余的几乎都是二氧化碳、甲烷和氨。科学家相信其他彗星的化学成分也类似哈雷彗星。哈雷的彗核是极度

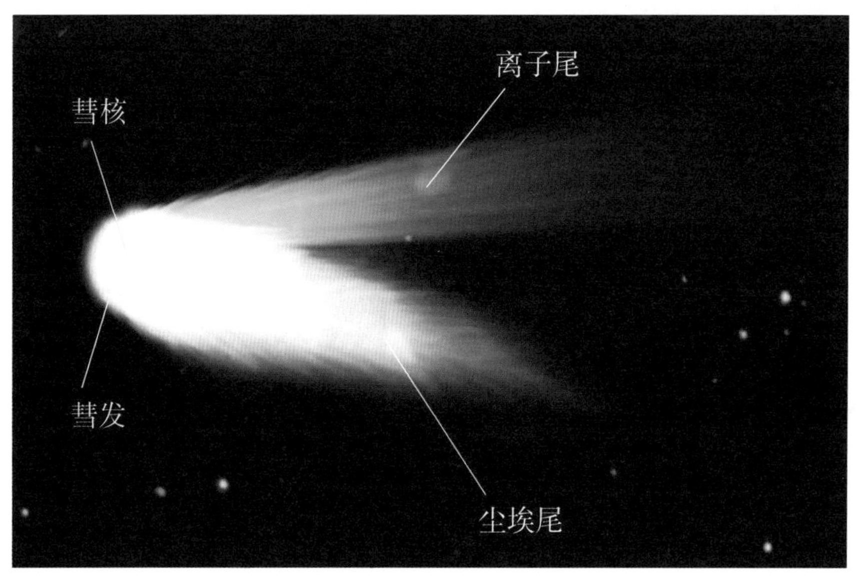

▲ 彗星的结构

的黝黑，天文学家相信，或许其他彗核也是如此。覆盖在大部分冰核心外面的是尘埃和岩石组成的黑色外壳，只有当彗星外壳上的孔洞朝向太阳时，内部才会被阳光加温，气体才会被释放出来。

在 2001 年，当“深空 1 号”探测器飞越过包瑞利彗星时，发现它的彗核大约是哈雷彗星的一半大。包瑞利彗核的形状也像马铃薯，并且表面也是黑暗的。也像哈雷彗星一样，包瑞利彗星只有在外壳的孔洞暴露在阳光下时，才会有一小部分的区域释放出气体。海尔－波普彗星的彗核直径估计在 30～40 千米之间，因为它的彗核特别大，能释放出大量的气体和尘埃，使得海尔－波普彗星在裸眼的观察下显得特别明亮。怀尔德 2 号彗星的彗核直径大约 5 千米，P/2007 R5 的彗核直径大约在 100～200 米之间。

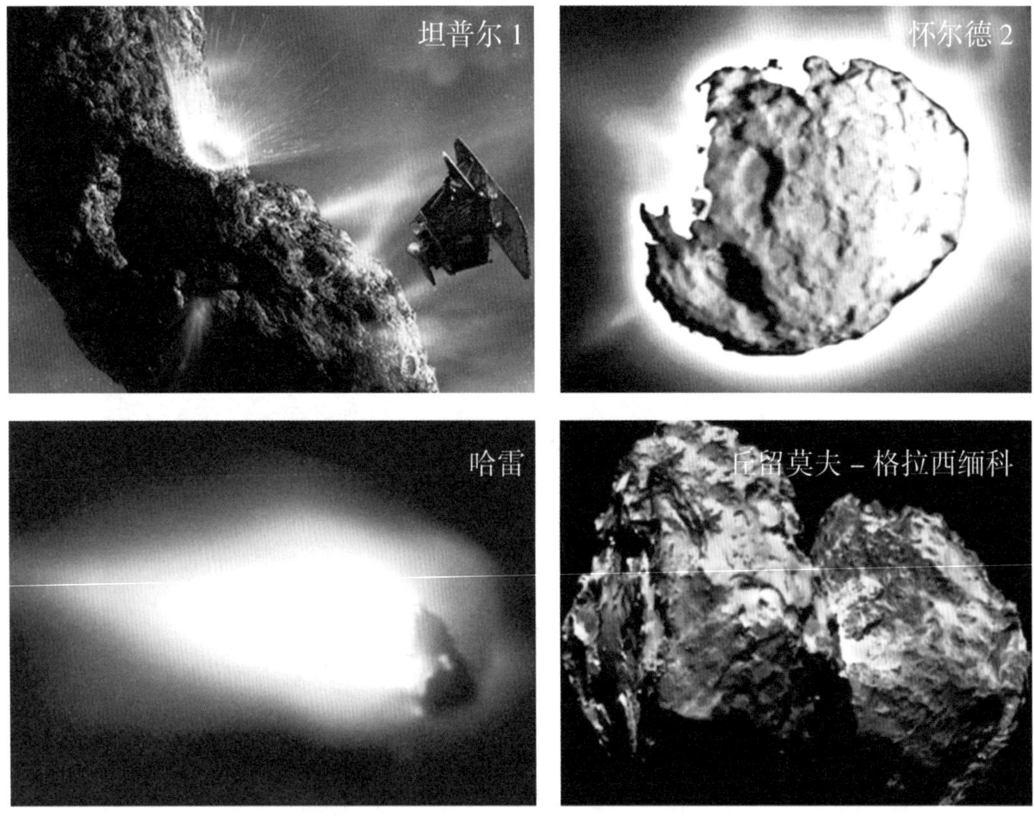

▲ 四颗彗星的核

彗发是环绕在彗核周围的云状物。彗星在绕太阳的轨道上运转，当接近太阳时，太阳的热量会使彗核物质熔解并升华为气体，就形成了彗发。彗发的成

▲ 霍姆斯彗星的彗发（直径大于太阳）

分通常是冰与尘埃。当彗星处于距离太阳 3～4 个天文单位内时，从彗核流出的挥发物中的水占据比例高达 90%。不同彗星的彗发大小相差很大，有的接近于木星，有的接近于太阳。

彗尾和彗发是彗星在内太阳系受到太阳照射后，从地球可以看见的结构，是由直接反射阳光的灰尘和从发射出光辉的离子化气体两种形成来源结合成的。多数的彗星都很暗淡，必须用望远镜才能看见，但是每十年左右，就会有几颗可以用裸眼直接看见的彗星出现。

每颗彗星的气体和尘埃喷流形成的彗尾都是独特的，指向的方向也都略有不同。尘埃尾会被拖曳在彗星轨道的后方，它经常会因为曲线的形状而形成反尾。同时，由气体构成的离子尾永远都指向背向太阳的方向，因为这些气体受到太阳风的影响远比尘埃来得强烈，跟随的是磁力线，而不是轨道的路径。

彗星固体的核心直径一般不会超过 50 千米，但是彗发可以比太阳还要大，并且彗尾的长度可以超过 1 天文单位（1 亿 5000 万千米）或是更长。古代中国在对彗星的长期观察中，注意到彗尾总是背向太阳，公元 653 年正史描述当彗星早上出现时，它的尾巴指向西，而当它晚上出现时，它的尾巴指向东，古书推断是太阳的气将彗尾吹向背离太阳的方向。

离子尾的形成是太阳的紫外线辐射对彗发产生光电效应的结果。一旦质点被游离，它们会获得净值为正的电荷，并且产生“诱导磁场”包围着彗星。彗星和诱导磁场对向外流动的太阳风粒子形成一个障碍，彗星在轨道上相对于太阳风的速度是超声速的，因此在太阳风流动方向的彗星前端形成弓形激波。在这个弓形激波中，彗星高浓度的离子（称为“吸合离子”）聚集并载入活动中的等离子与太阳磁场，而这些场线披覆在彗星的周围形成了离子尾。

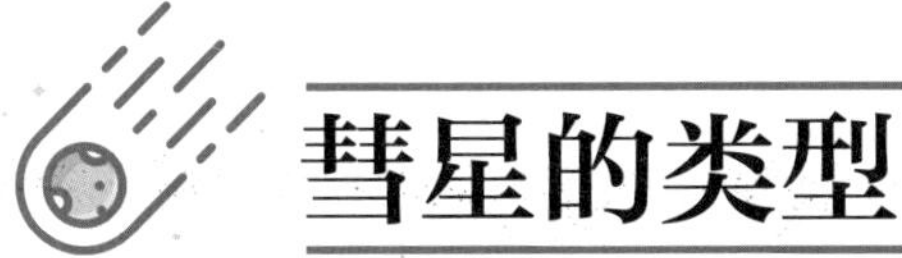

彗星的类型

▶ 彗星分类方法

1 | 根据彗星轨道来区分，可以分为长周期彗星和短周期彗星，这取决于它的轨道周期是否小于 200 年。科学家们猜测，长周期彗星可能起源于位于太阳系边缘的奥尔特云，而短周期彗星则从冥王星的家——开伯带中脱离出来。当引力发生变化时，物体可以脱离这些区域。

2 | 根据彗星大小划分，可分为大彗星和小彗星。其实大小是相对的，所谓大彗星，是指这些彗星到达近日点附近时，在地球上观测显得非常明亮。

3 | 掠日彗星是指近日点极为接近太阳的彗星，有时其距离可接近至太阳表面仅数千千米。较小的掠日彗星会在接近太阳时被完全蒸发掉，而较大的彗星则可通过近日点多次。然而，太阳强大的潮汐力通常仍会使它们分裂。

4 | 主带彗星的轨道接近圆形，并且在小行星主带内。

5 | 不寻常的彗星。有些彗星形状独特，喷发物独特，如酒精彗星，在活跃期间每秒可喷射 20 吨含有乙醇的液体。

▶ 长周期彗星

这种彗星的周期范围从 200 年至数千乃至百万年，有较高的离心率轨道。在近日点附近时，离心率大于 1 并不一定意味着这颗彗星会逃离太阳系。例如，麦克诺特彗星（McNaught）在 2007 年 1 月接近近日点时，日心密切轨道离心率是 1.000019，但是它受到太阳的引力约束，周期约为 92600 年，因为在它远离太阳之后离心率已降至 1 以下。

已经观测过的彗星，没有离心率明显大于 1 的，所以没有明确的证据可以指出有起源于太阳系外的彗星。C/1980 E1 彗星在 1982 年通过近日点之前的周期大约是 710 万年，但是它在 1980 年与木星遭遇而被加速，使它成为已知彗星中离心率最大的（1.057）。

柯侯德彗星是在1973年3月7日最初发现的，它在当年12月28日通过近日点。柯侯德彗星是一颗长周期彗星，它上一次出现大约是150000年前，下一次则大约是75000年后。在1973年出现时，由于大行星的引力摄动，轨道成为双曲线（离心率大于1）。根据柯侯德彗星的路径，科学家认为这是它第一次进入太阳系的内部，这将导致气体大量喷出形成壮观的彗发。红外线和可见光的观测研究得到的结论使许多科学家持保留的态度。柯侯德彗星在通过近日点之前，被媒体炒作成“世纪彗星”。然而，

小贴士

近日点/远日点 各个星体绕太阳公转的轨道大致是一个椭圆，它的长直径和短直径相差不多，可近似为正圆。太阳就在这个椭圆的一个焦点上，而焦点是不在椭圆的中点的，因此星体离太阳的距离就有时近，有时远。离太阳最近的时候这一点的位置叫作近日点，离太阳最远的时候这一点位置叫作远日点。

▼1974年1月11日的柯侯德彗星

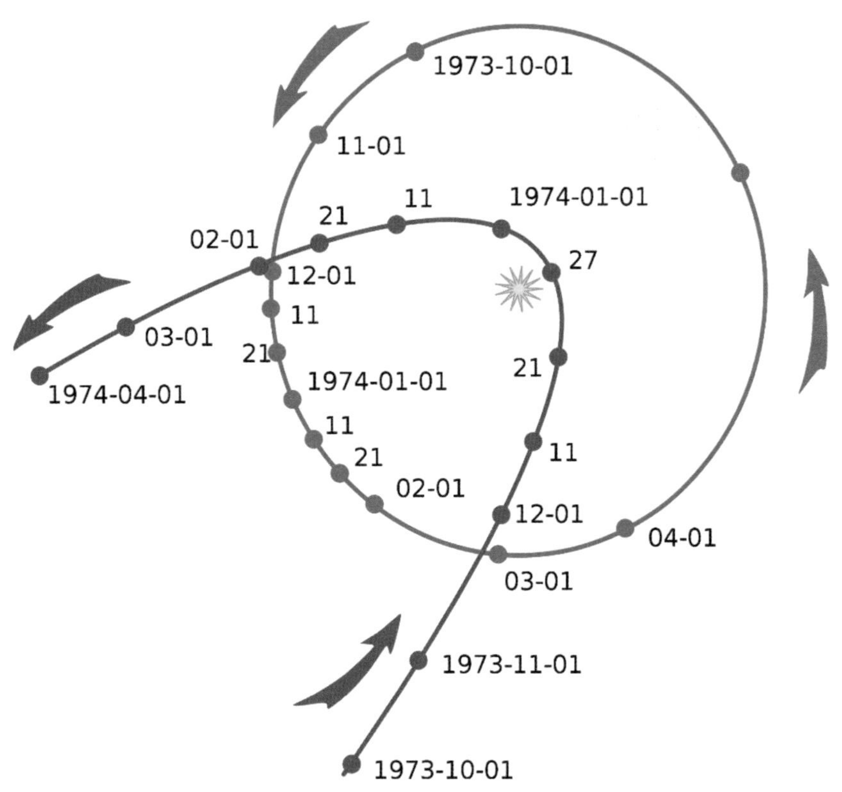

▲ 柯侯德彗星的轨道（红色）和地球轨道（蓝色）

柯侯德彗星的表现让众人大失所望，可能的原因是它在飞越地球之前曾经接近过太阳，已经有部分分解掉了。另一种说法认为它是第一次接近太阳，在此之前，它依然是冻结的状态。尽管它未能达到预期的水准，它依然是一个肉眼可以看见的天体。“天空实验室 4 号”和“联盟 13 号”的航天员也都曾观测过这颗彗星，使它成为第一颗被太空人观测过的彗星。

由于柯侯德彗星的表现远远不如预期的壮观，因此它成为预期场面壮丽却潦倒收场的代名词。但是，它在通过近日点后不久确实非常明亮，并短暂地成为黄昏后受到重视的天象。

▶ 短周期彗星

短周期彗星定义为周期短于 200 年的彗星，这些彗星的轨道通常在黄道的上下，并且运行方向与行星相同。轨道的远日点通常在外行星的区域（木星或

▲ 2013 年 10 月观测到的恩克彗星

木星以外），例如，哈雷彗星的远日点就在海王星之外不远处。

周期最短的彗星是恩克彗星（2P/Encke），它的轨道不会抵达木星的轨道。恩克彗星是继哈雷彗星之后，第二颗按预言回归的彗星，其近日点和远日点分别为 0.3380AU 和 4.0937AU，离心率 0.8474，周期 3.2984 年，是所有彗星中最短的，它的亮度微弱，凝聚度较小，一般不产生彗尾。自 1786 年发现以来，人们已经进行过 50 多次的观测。德国天文学家恩克（J.F. Encke）最早于 1819 年算出它的轨道，并预言 1822 年此彗星将回到近日点。

在短周期彗星中，周期短于 20 年和低倾角（不超过 30 度）的被称为木星族彗星。与哈雷彗星类似，轨道周期在 20 至 200 年之间，轨道倾角从 0 至超过 90 度的，称为哈雷族彗星。截至 2017 年，只有 89 颗哈雷族彗星被观测过，相较之下，木星族彗星则有 557 颗。

基于其轨道特征，有些短周期彗星被认为起源于开伯带，一个在海王星外侧的盘状区域；而长周期彗星的来源被认为是更遥远的一个球形的奥尔特云（以提出存在这个假想球壳的荷兰天文学家杨 · 亨德里克 · 奥尔特的名字命名）。一般认为在这个以太阳为中心，大致呈球形的遥远地区内，在大致是圆形的轨道上，存在着许多类似彗星的天体。偶尔，外侧行星的影响力（这种情形通常是对开伯带的天体）或是邻近的恒星（这种情形通常是对奥尔特云的天体）可能会将这些天体中的一颗抛入椭圆形的轨道，将它带向太阳成为可以看见的彗星。不同于回归的短周期彗星，没有之前的观测资料可以建立它们的轨道，通过这个机制产生的新彗星，其外观是不可预知的。

黄道 从地球上看太阳一年“走”过的路线，是由于地球绕太阳公转而产生的。

▶ 主带彗星

根据不同的形态、观察和成分特征，彗星和小行星在太阳系中一直被认为是两个单独种类的小天体群。

因为彗星的椭圆轨道经常会带它们接近巨行星，彗星会受到进一步的引力扰动。短周期彗星的远日点有趋近于巨行星轨道半径的趋势。木星是最大的扰动源，因为它的质量是太阳系其他行星质量总和的 2.5 倍。这些扰动可以将长周期彗星的轨道转变成短周期的轨道。

不同于多数彗星的轨道多半在接近木星或距离太阳更遥远的距离上，主带彗星的轨道不仅在小行星带内，而且还接近圆形。因此很难从轨道上的特征与许多标准的小行星区分出来。即使有一些短周期彗星的轨道半长轴在木星轨道之内，和主带彗星仍有所不同，因为主带彗星的离心率和轨道倾角都与主带内

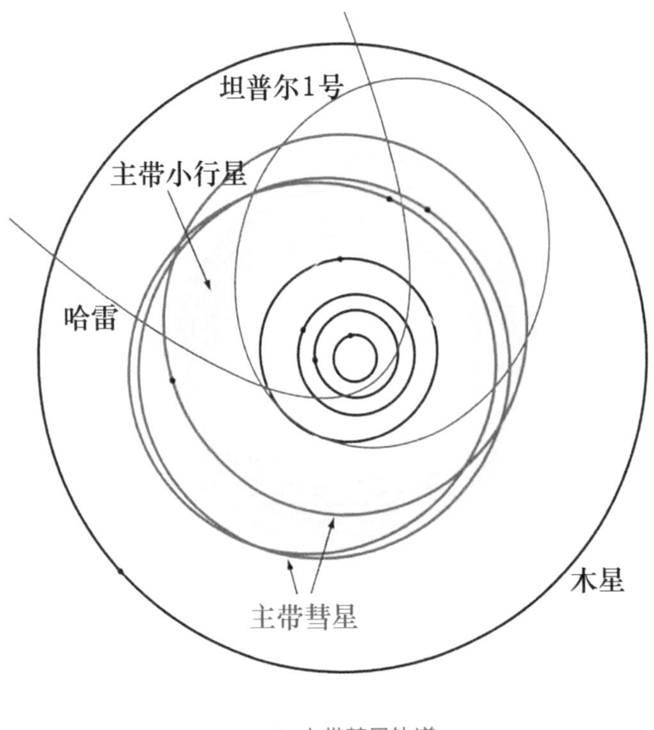

▲ 主带彗星轨道

的小行星相似。最初知道的三颗主带彗星轨道都在主带外缘的内侧。美国 JPL（喷气推进实验室）定义主带小行星是轨道半长轴大于 2AU，但不超过 3.2AU，而近日点不小于 1.6AU。

目前还不知道来自外太阳系的天体，如其他彗星，如何能在行星微弱的重力扰动下改变轨道参数，成为低离心率、轨道像典型小行星的主带彗星。因此，主带彗星被认为不同于其他的彗星，是在内太阳系接近现在的位置上形成的。

133P/ 埃尔斯特 - 皮萨罗是一颗周期彗星。1979 年发现，最初认为是小行星，临时名称为 1979 OW7，其后编为 7968。它的轨道位于火星和木星之间的小行星带，远日点 3.680 AU，近日点 2.641 AU，离心率为 0.1644，轨道周期 2052.262 天（5.62 年）。但在 1996 年，由天文学家拍得的照片显示，该天体在通过近日点时出现彗尾的特征。

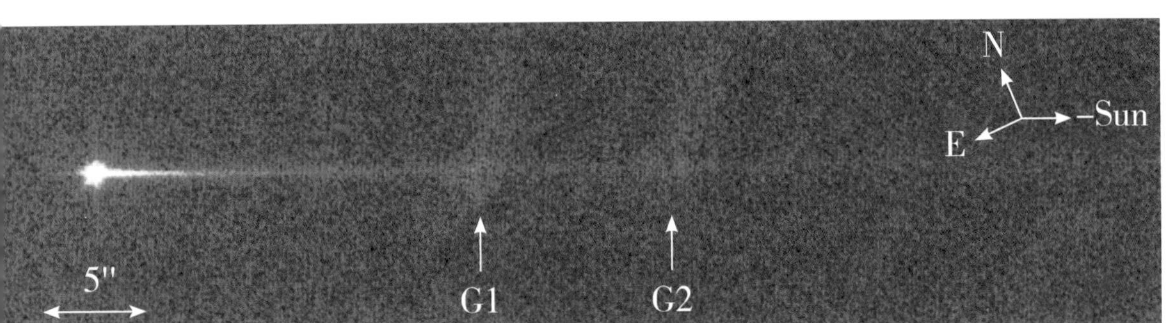

▲ 哈勃空间望远镜拍摄到的主带彗星 133P
G1 和 G2 标记了从数据中没有完全删除的星系

由于地球上水的氘氚远低于被认为是主要来源的传统彗星，因此主带彗星被认为可能是地球上水的来源。

地球上水的起源的假说包括来自外太阳系外的彗星或来自主带的天体。来自外太阳系彗星所含的大量冰是将水输送到地球的候选者。但我们现在知道，主带小行星也含有冰，因此也可能把水送到地球上，甚至比彗星的速度要快得多。

氘／氢（D/H）同位素的测定比率（以下简称 D/H）提供了水源区的化学特征，因此对地球上挥发物的源有潜在的限制。氢和氘是在宇宙大爆炸期间合成的，目前还没有在星系和恒星中产生显著氘含量的机制。太阳系第二大氘储藏库是重水（HDO）。水中的 D/H 比对分子形成的环境是非常敏感的，特别是介质的动力温度。水的 D/H 随日心距的增大而增大。目前的模型表明，D/H 比在 5AU 以内变化不大，日心距到 45AU 时迅速增加，除此之外，再没有什么大的变化。

与太阳星云值相比，地球上的海洋提供了一个有趣而矛盾的增强现象。地球标准平均海水中 D/H 的估计值为 1.6×10^{-4}，是原始太阳值的 6 倍。对于彗星，就位 D/H 测量是由“乔托号”探测器探测哈雷彗星得到的。哈雷彗星的 D/H 值显著高于陆地海水值。对于奥尔特云彗星，测量结果都与平均值 D/H=（2.96 ± 0.25）$\times10^{-4}$ 一致。小行星物质，即在来自 2.5AU 以外的碳质球粒陨石中的物质，D/H=（1.4 ± 0.1）$\times10^{-4}$。这使得人们认为小行星一定是地球挥发物的主要供应源，只有不到 10% 的水是由彗星带来的。

然而，这个故事的最新转折是罗塞塔对丘留莫夫－格拉西缅科彗星的观测结果，D/H =（5.3 ± 0.7）$\times10^{-4}$。对其他两颗奥尔特云彗星的观测结果分别是 D/H =（6.5 ± 1.6）$\times10^{-4}$ 和（1.4 ± 0.4）$\times10^{-4}$。这表明了外太阳系天体的 D/H 有非常不均匀的变化。

欧洲空间局的“卡斯塔利亚”探测器计划于 2028 年发射，2035 年到达主带彗星 133P／埃尔斯特－皮萨罗。其科学目标可概括为：通过对一个新的太阳系家族主带彗星的就位探测，研究其基本特征；了解主带彗星活动的物理学；直接探测小行星带中的水；检验主带彗星是否是地球水的可行来源；将主带彗星作为行星系统形成和演化的追踪者。

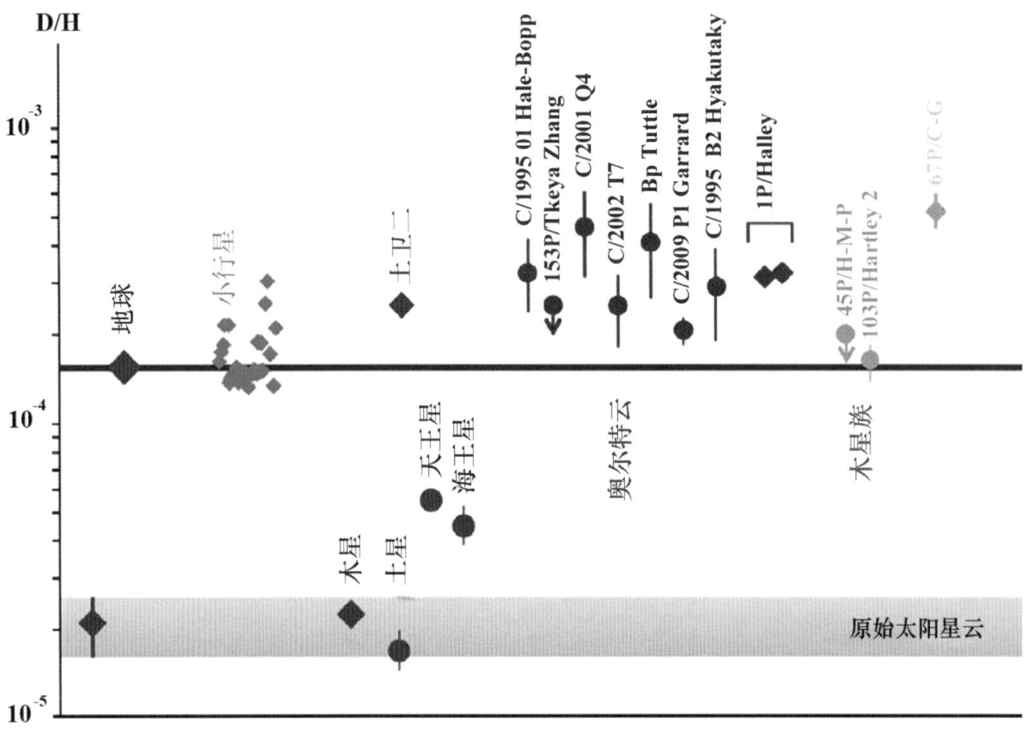

▲ 太阳系一些天体的氚氚比

“卡斯塔利亚”任务的科学要求包括：

1 ｜通过识别气体释放区验证冲击激活理论。

2 ｜绘制表面构造、地质与矿物图，包括水合物、有机矿物和搜索冰。

3 ｜确定元素和分子组成，尘埃的结构和大小分布。

4 ｜测定挥发物的元素和分子丰度。

5 ｜描述或约束主带彗星地下和内部结构。

6 ｜描述主带彗星日活动周期和轨道活动周期。

7 ｜描述弱的外流物体等离子体环境及其与太阳风的相互作用。

8 ｜在太阳系小天体中寻找原始的固有磁场。

9 ｜确定主带彗星的整体物理性质：体积、重力场和热特性。

10 ｜确定主带彗星的 D/H 比值和同位素组成。

“卡斯塔利亚”探测器计划于 2028 年 10 月 30 日发射，2035 年 5 月 1 日到达，靠近主带彗星探测时间大约 1 年。

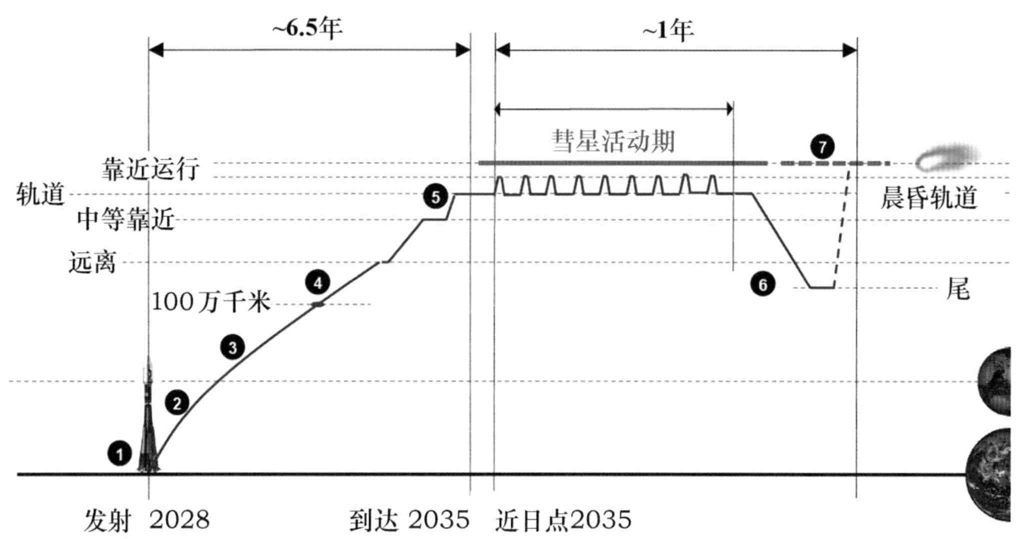

▲ “卡斯塔利亚”探测器飞行计划图
（1）发射（2）火星引力助推（3）可选择的巡航飞越（4）目标获得
（5）探测主带彗星阶段（6）彗尾旅行（7）任选着陆

▶ 大彗星的特征

大彗星对地球上的观测者来说是特别明亮和壮观的彗星，以过去的观测数字来看，平均 10 年才会出现一颗。

要预测某颗彗星是否能成为大彗星是很困难的，有许多因素都会造成彗星的光度与预测的不同。一般而言，有巨大或活跃核心的彗星，如果与太阳的距离足够近，从地面观察时在最亮的时刻又没有被太阳遮蔽掉，它就有机会成为大彗星。

彗星在被发现后，会以发现者的名字作为正式的名称，但有些特别亮的反而会以最明亮的年份直接称为 XX 年大彗星。

大彗星的定义很明显是主观的，但无论如何，能够被称为大彗星的一定是亮到用肉眼就能直接看到它。对多数人来说，不管怎样，大彗星是一种美丽的景象。

大多数彗星都不能亮到肉眼可以直接看见的程度，它们在进入内太阳系后，除了天文学家之外，也没有人看过它们。然而，偶尔的，有些彗星能达到肉眼可以直接看见的亮度，但能亮到比最亮的恒星还要亮的则真的很罕见。影响彗星亮度的主要因素至少有下列几个：

1｜彗核的尺寸从较小的数百米到数千米不等。当它们接近太阳时，大量的气体和尘埃会因为太阳的加热而从核心喷发出来。一个关键的因素是如何让核心活跃，才有可能成为大而亮的彗星。在经过数次的回归之后，彗核中易于挥发的物质会比第一次进入内太阳系时要少，因此也较不容易成为明亮的彗星。

2｜近日点的探讨。一个单纯反光体的亮度与到太阳距离的平方成反比，也就是说如果一个物体与太阳的距离增加一倍，亮度就会下降为原来的四分之一。然而，彗星的光度除了反射阳光之外，还有很多的光来自于大量挥发性气体发射出的荧光，而且这些气体也会反射阳光。因此，彗星的光度变化大致上是与距离的立方成反比，因此当距离缩为原来的一半时，彗星的亮度会增加到原来的八倍。这意味着彗星的最大亮度取决于它与太阳的距离。对大多数的彗星而言，它们的轨道近日点仍在地球轨道之外，而任何一颗彗星只要能接近太阳至 0.5 天文单位或更接近，就有成为大彗星的机会。

3｜接近地球的方式。彗星要看起来很壮观，它还需要靠近地球才行。以哈雷彗星为例，在 76 年的周期中，当进入内太阳系时它通常都很明亮，但是在 1986 年接近太阳时，它与地球的距离却可能是最远的一次。虽然还能以肉眼直接看见，但绝对称不上是壮观。

4｜爆发。2007 年 10 月 23 日霍姆斯彗星突然爆发，成为出现在英仙座的一颗肉眼可见的彗星。它的亮度随即从 17 星等增加到 2.4 星等，已经接近北极星的亮度。

能够满足以上四个条件的彗星绝对够资格称为壮观的彗星。有时，不符合其中一个条件的彗星反而更能令人留下深刻的印象。例如，海尔－波普彗星有一个非常巨大（直径 40 千米）与活跃的核心，虽然没有很接近太阳，它仍然因为很容易看见而成为很著名的大彗星。同样的，百武彗星其实只是一颗小彗星，但却因为非常靠近地球而被称为大彗星。

▶ 不寻常的彗星

1 | 29P / 施瓦斯曼 – 瓦赫曼彗星

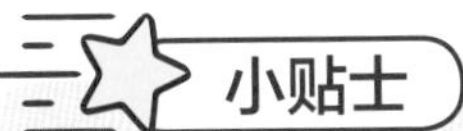

小贴士

星等 是衡量天体光度的量。星等的数值越大，它的光就越暗；星等的数值越小，星星就越亮。

29P / 施瓦斯曼 – 瓦赫曼彗星，也称为施瓦斯曼 – 瓦赫曼 1 号彗星，是在 1927 年 11 月 15 日被阿诺德 · 施瓦斯曼和阿诺 · 阿图尔 · 瓦赫曼两人在德国卑尔格道夫的汉堡天文台发现的。它是由天文摄影者发现的，当时这颗彗星的星等大约是 13，回顾在 1902 年 3 月 4 日的影像中也找到了这颗彗星，1931 年再发现时的星等是 12。

这颗彗星不寻常的是通常光度维持在 16 星等，会突然地增光和爆发，这会导致彗星的光度增加 1~4 星等。这种现象发生的频率为每年 7.3 次，在一或两周后就会减弱。表面的光度变化过程被怀疑造成观测上的变化。

▲ 施瓦斯曼 – 瓦赫曼 1 号彗星

2 | 苏梅克－列维 9 号彗星

苏梅克－列维 9 号（Shoemaker-Levy 9，SL9）彗星于 1994 年 7 月中下旬与木星相撞。这是人类首次直接观测太阳系的天体撞击事件，引起全球多家主流媒体的关注，也引发各地天文学家的观测热潮。人们透过这次事件更多了解到木星及其大气的资料，以及木星在太阳系内所扮演的以强大引力清理“太空垃圾”的“清道夫”角色。

这颗彗星是由美国天文学家尤金和卡罗琳·苏梅克夫妇及天文爱好者戴维·列维三人于 1993 年 3 月 24 日在美国加州帕洛玛天文台共同发现的，那是他们发现的第九颗彗星，因此依据国际星体命名规则依照三位的姓氏命名。

1993 年 3 月 24 日晚，当时苏梅克夫妇及列维正在研究及观测近地天体，却无意中发现了这颗彗星，并把原来的计划改为观测这颗彗星。该发现于 3 月 27 日的 IAU 第 5725 号通告中公布。

凭着多张照片提供的线索，人们发现 SL9 彗星的活动并不寻常，它拥有多个内核，其总长度达 50 角秒，以及达 10 角秒宽。

经过计算这颗彗星的轨道资料，发现 SL9 彗星与其他彗星不同，它并非围绕太阳，而是绕木星公转，其远木点为 0.33 天文单位，公转周期为 2 年，轨道形状也极为椭圆，离心率达 0.9986。

之后再追溯它以前的轨道活动，发现 SL9 彗星绕木星公转已有一段时间。它原是一颗绕日公转的短周期彗星，其近 / 远日点分别位于小行星带内部及木星轨道附近，有可能是于 20 世纪 70 年代或更早期被木星的引力掳获。不过，人们并没有任何于 1993 年 3 月以前拍到的 SL9 彗星照片。

该彗星于 1992 年 7 月 7 日极度接近木星，距离其云层顶部仅 40000 千米，比木星的半径（70000 千米）还要短，并在行星的洛希极限以内，其潮汐力足可把物体撕碎。比起以往的多次接近木星记录，7 月 7 日那次看来是历来最接近的，人们多认为这次靠近木星使 SL9 彗星碎裂。它分裂成多块碎片，并以英文字母“A”至“W”表示。

令行星天文学家更兴奋的是，SL9 彗星会在 2 年后再度通过距离木星中心 45000 千米处，比木星半径还短，意味着 SL9 彗星会有很大机会将于 1994 年 7 月撞向木星，并认为这串彗核穿越木星大气的时间将持续 5 天。

由于当时天文学家从未见证过太阳系的天体撞击，因此 SL9 彗星将撞击木星的发现，引起了全球天文学界的振奋。人们对该彗星作更深入研究，以更准确计算它的撞击时间及机会。又因为在彗星撞击时会把木星内部的大气及其他物质释出，这起撞击又为天文学家提供了难得的机会，去窥探木星内部的大气。

天文学家预计该彗星的碎片长度介于数百米至数千米之间，并提出彗星在未分裂时，曾拥有达 5 千米长的彗核，比后来出现的百武彗星内核还大，它在 1996 年接近地球时变得明亮。而引起最多争论的地方是其天体撞击对木星的影响如何，有说法认为，碎片有可能继续被撕碎，成为大型流星。

除此之外，人们又认为该彗星撞击木星后，其产生的地震震波会横扫整个木星，而撞击产生的尘埃会使木星平流层的薄雾更浓密，其行星环系统的质量也随之增加。更多的预测有木星可能会增加数个大红斑，或是其大红斑将消失。天文学家密切留意这起天体撞击，去揭晓哪些预测将会发生。

SL9 彗星撞木星这个天文奇观，突显了木星为内太阳系扮演着“太空吸尘机”的角色。研究指出它的强大引力可吸掉不少彗星和小行星，木星发生彗星撞击的概率是地球的 2000 至 8000 倍。

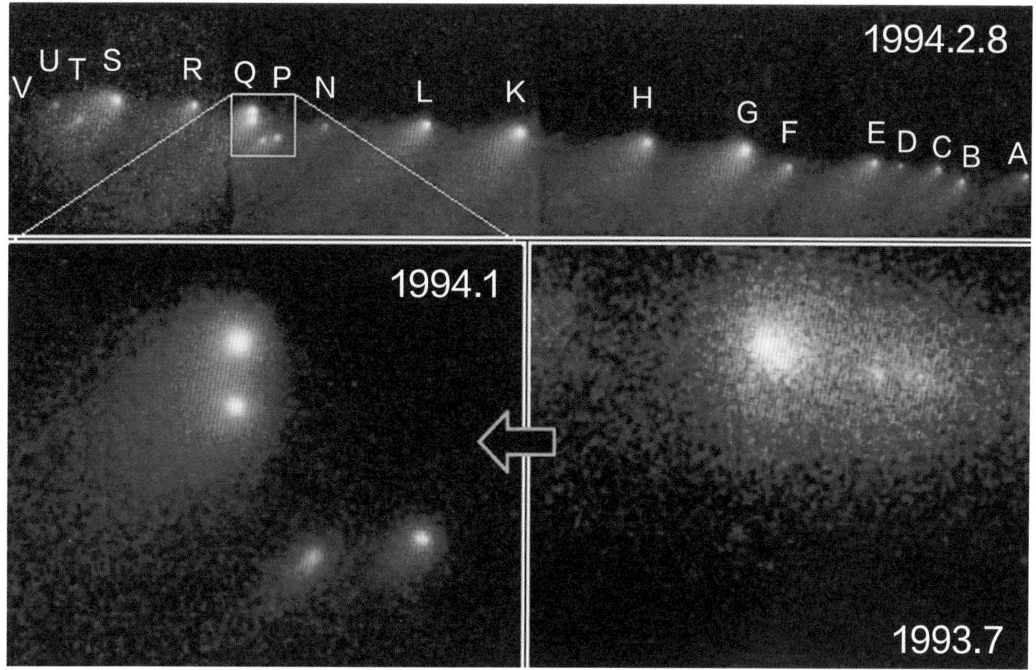

▲ 彗木相撞

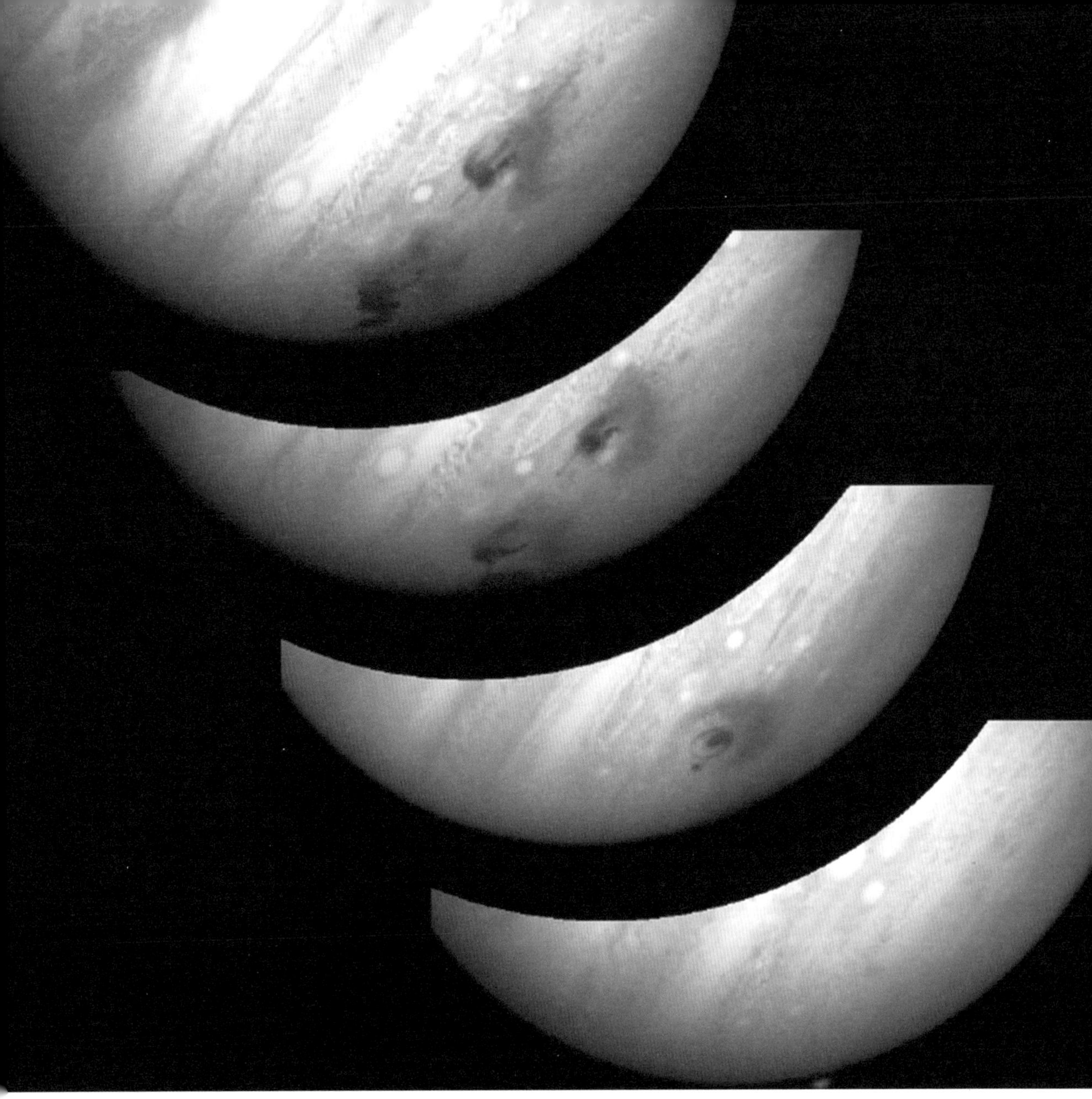

▲ 木星受撞击后在表面产生的斑

科学家一般相信，距今 6500 万年前的恐龙灭绝事件，是因为天体撞击地球而造成的，并形成了位于墨西哥境内的希克苏鲁伯陨石坑，说明了一旦地球发生这样的天体撞击，造成的后果是灾难性的。他们又认为如果没有了木星这部“太空吸尘机”，这些小型天体将会撞向内太阳系的类地行星，撞击地球的机会也会随之增加，使得地球出现生物灭绝的次数更多，在这样的环境下，地球或会难以孕育出复杂的生命。

▶ 掠日彗星

掠日彗星是指近日点极接近太阳的彗星，其距离可短至离太阳表面仅数千千米。较小的掠日彗星会在接近太阳时被完全蒸发掉，而较大的彗星则可通过近日点多次，但太阳强大的潮汐力通常仍会使它们分裂。

1680 年的大彗星是人们最早发现的一颗掠日彗星。那年 12 月 18 日，它离太阳最近时光度达到 -18 等，比我们在中秋节看到的月亮还亮，即使在白天也能看到。此时，它离太阳炽热的表面只有 23 万千米，当它以每秒 530 千米的速度穿过太阳最外层大气——日冕时，飘逸的彗尾长达 2.4 亿千米。

另一颗掠日彗星 1843I，它的近日点距太阳更近，只有 13 万千米，当它以每秒 550 千米的速度穿过日冕时，人们不禁为它捏着一把汗，没想到它居然平安无事地出来了，身后拖着一条长达 3.2 亿千米的彗尾，好不壮观。

以上两颗掠日彗星可以说是有惊无险，但是 1979XI 彗尾可就不那么幸运了，1979 年 8 月 30 日上午 10 时 59 分，正在天上执行太阳风研究任务的美国 P78-1 卫星发现了这颗彗星的行踪，两个半小时共拍摄了它的 7 张照片，通过这些照片可以看到彗星正高速向太阳冲去。下午 3 时 45 分，彗头已进入日冕，只留下一条淡淡的彗尾如一缕青烟向太阳北方飘散而去，此后，此彗星再也没有见到。

1987 年 8 月 30 日，美国海军实验室的 P78 卫星在拍摄太阳日冕时，“目睹”了一场惊心动魄的天象奇观：一颗彗核直径为 1 千米的彗星公然向太阳系的主宰挑战，它以每秒 560 千米的高速撞向太阳。据后来推算，它的近日点距离太阳中心约 15 万千米。当然这不是说彗头已经深入太阳内部，早在与太阳相撞之前，彗头已被熊熊烈焰吞没。据预测，当时迸发的总能量可供全世界当时水平使用 100 年。

2013 年 11 月 28 日 6:30，ISON 彗星的彗尾基本全部进入了“太阳与日光层探测器”SOHO LASCO C3 的视场，在“奔日”的路上越来越亮，显现出非常漂亮的彗尾。而其并不属于克鲁兹族彗星。ISON 彗星在抵近太阳系内侧轨道的过程中上演了一幕幕神奇的天体景观，科学家早先发现彗星多了一条“尾巴”，猜测其核心物质可能出现了解体，之后美国国家航空航天局（NASA）

的观测记录显示彗星 ISON 大部分核心物质已经解体，体积逐渐减小，在炙热的温度和辐射作用下，彗星 ISON 没能“熬过”关键的旅程，该彗星只剩下一些残骸物质仍然处于运动之中，亮度变得非常暗。在 2013 年 12 月 10 日的美国地球物理联合会议上，该彗星的观测结果被公布。

到 2020 年 6 月 15 日，SOHO 已经记录 4000 颗掠日彗星。

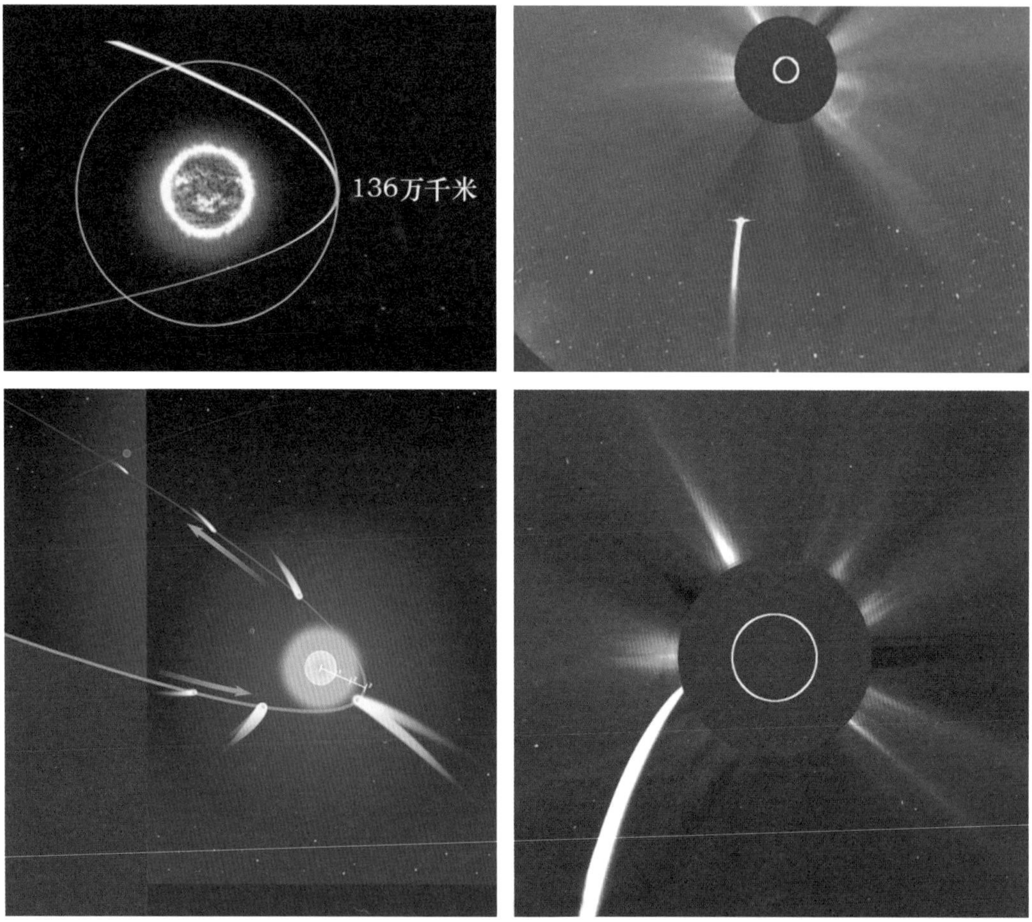

▲ 掠日彗星

彗星的源

▶ 开伯带

开伯带（Kuiper Belt）是位于太阳系中海王星轨道（距离太阳约 30 天文单位）外侧的黄道面附近、天体密集的圆盘状区域。开伯带的假说最先由美国天文学家弗雷德里克 · 伦纳德提出，十几年后杰勒德 · 开伯证实了该观点。开伯带类似于小行星带，但它的宽度是小行星带的 20 倍。如同小行星主带，它主要包含小天体或太阳系形成的遗迹。虽然大多数小行星主要是岩石和金属构成的，但大部分开伯带天体在很大程度上由冷冻的挥发成分（称为“冰”），如甲烷、氨和水组成。开伯带至少有四颗矮行星：冥王星、妊神星、阋神星和鸟神星。太阳系中的一些卫星，如海王星的海卫一和土星的土卫九，也被认为起源于该区域。

开伯带的位置处于距离太阳 40 至 50 天文单位低倾角的轨道上。该处过去一直被认为空无一物，是太阳系的尽头所在。但事实上这里满布着直径从数千米到上千千米的冰封微行星。开伯带的起源和结构尚未明确，目前的理论推测是其来源于太阳原行星盘上的碎片，这些碎片相互吸引碰撞，但最后只组成了微行星带而非行星，太阳风会在此处减速。

开伯带有时被误认为是太阳系的边界，但太阳系还包括向外延伸 2 光年之远的奥尔特云。开伯带是短周期彗星的来源地，如哈雷彗星。自冥王星被发现以来，就有天文学家认为其应该被排除在太阳系的行星之外。由于冥王星的大小和开伯带内大的小行星相近，20 世纪末更有人主张将其归入开伯带小行星的行列当中，而冥王星的卫星则应被当作是其伴星。2006 年 8 月，国际天文学联合会将冥王星开除出行星类别，并和谷神星与新发现的阋神星一起归入新分类——矮行星之中。

开伯带不应该与假设的奥尔特云相混淆，后者比前者遥远一千倍以上。开伯带内的天体，连同离散盘的成员和任何潜在的奥尔特云天体被统称为海王星

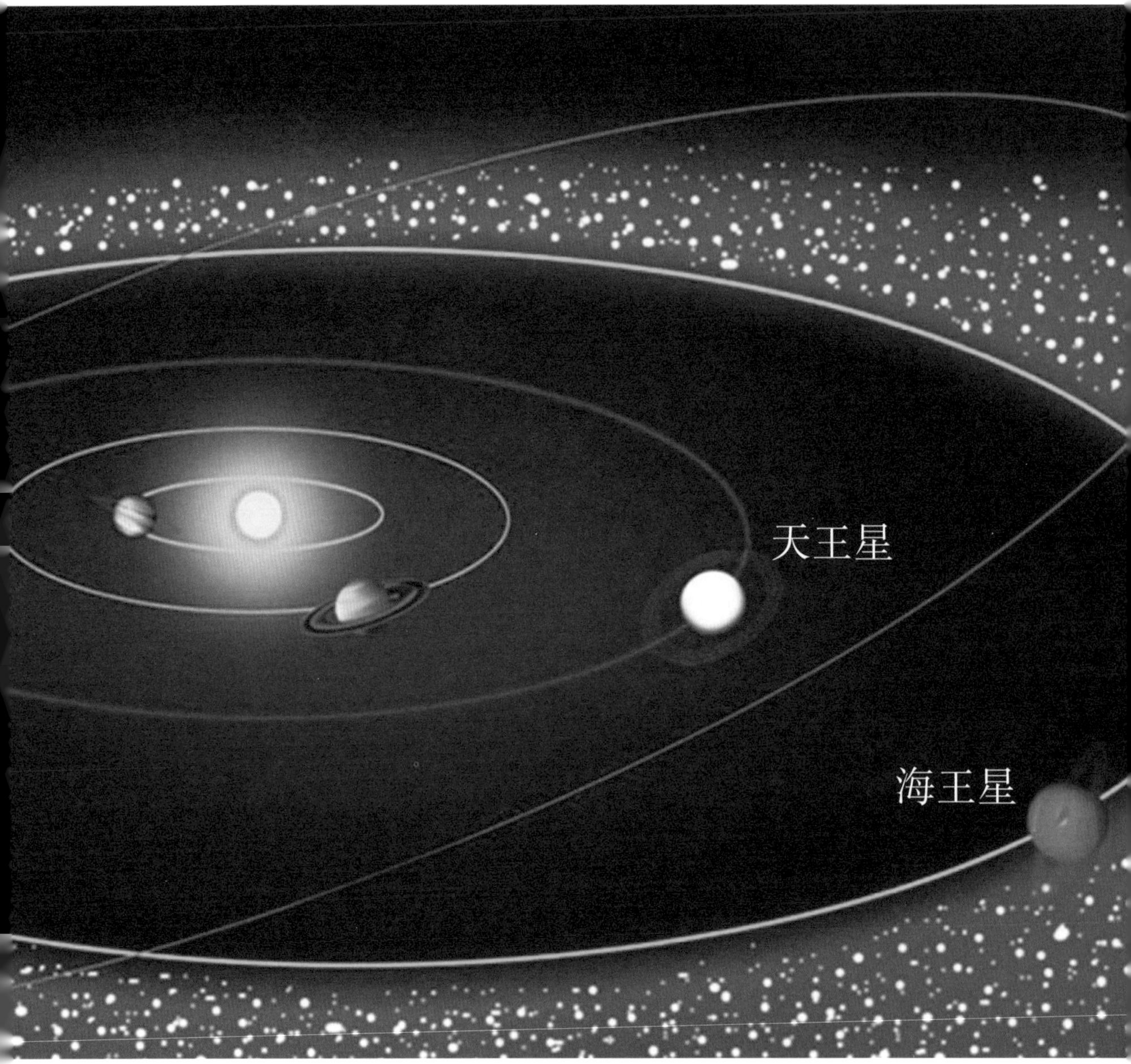

▲ 开伯带

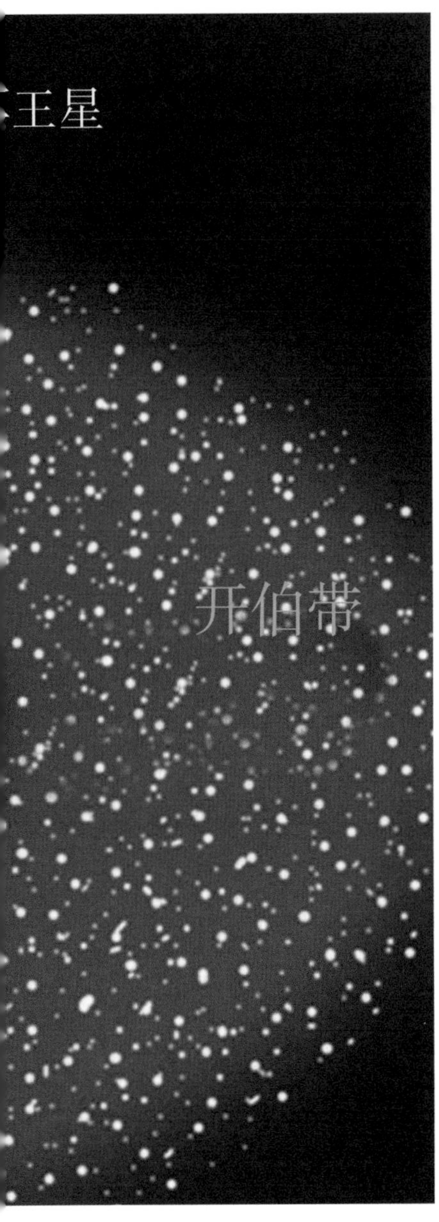

外天体。冥王星是开伯带中体积最大的天体，而第二大知名的海王星外天体，则是在离散盘的阋神星。

▶ 奥尔特云

奥尔特云在理论上是一个围绕太阳、主要由冰微行星组成的球体云团。奥尔特云位于星际空间之中，距离太阳最远至 10 万天文单位左右。同样由海王星外天体组成的开伯带和离散盘与太阳的距离不到奥尔特云的千分之一。奥尔特云的外边缘标志着太阳系结构的边缘，也是太阳引力影响范围的边缘。

天文学家猜测，组成奥尔特云的物质最早位于距太阳更近的地方，在太阳系形成早期因木星和土星的引力作用而分散到今天较远的位置。目前对奥尔特云没有直接的观测证据，但科学家仍然认为它是所有长周期彗星、半人马小行星及木星族彗星的发源之地。奥尔特云外层受太阳系的引力牵制较弱，因此很容易受到邻近恒星和整个银河系的引力影响。这些扰动都会不时导致奥尔特云天体离开原有轨道，进入内太阳系，并成为彗星。

1932 年，爱沙尼亚天文学家恩斯特 · 奥匹克猜想，长周期彗星都起源于太阳系最外端的一处云团。荷兰天文学家杨 · 奥尔特在试图解开一个悖论时，也独立提出了这一假说。在太阳系演化的过程中，彗星的轨道在动力学上并不稳定，最终必定会撞入太阳或行星，或者被

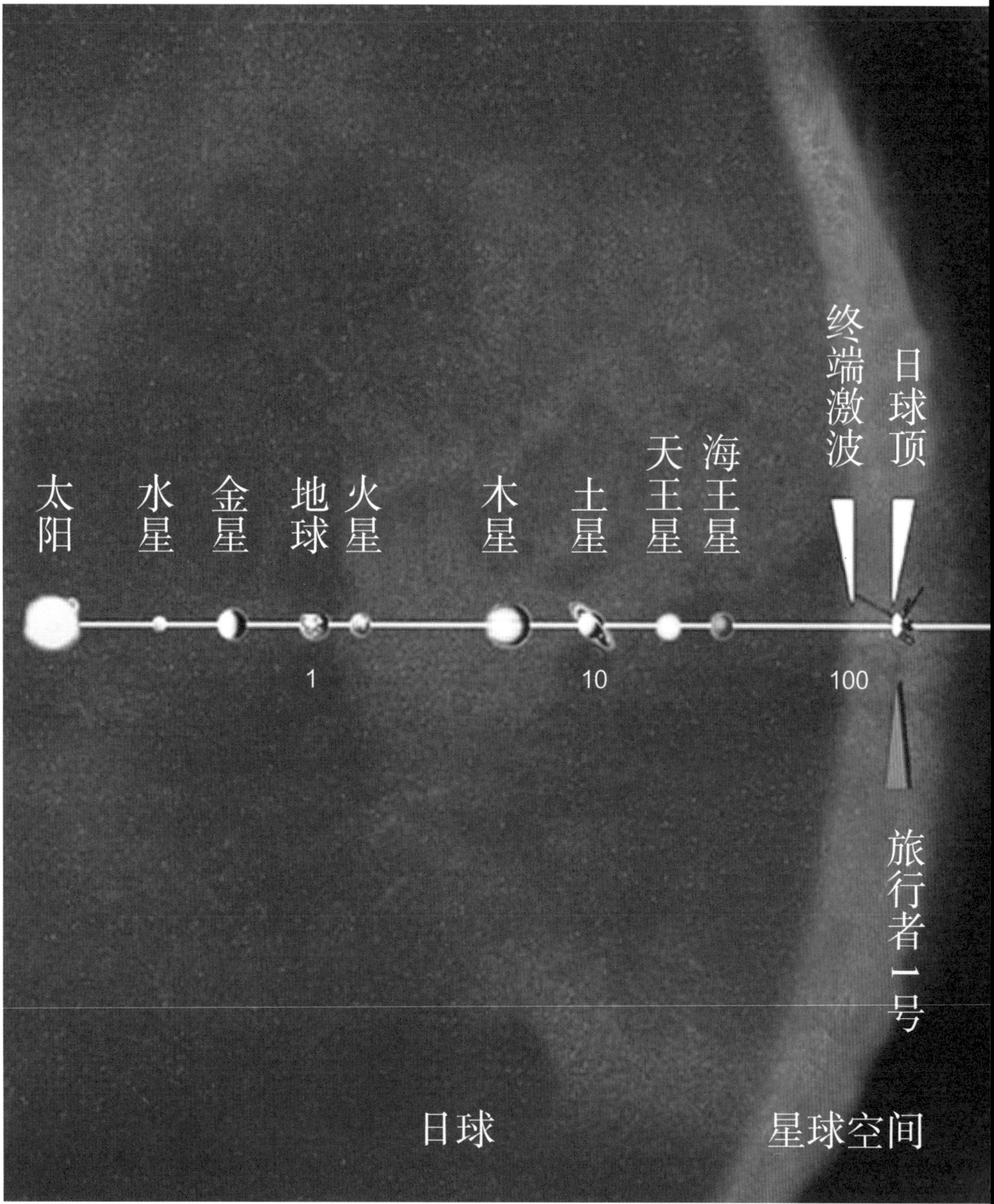

太阳
水星
金星
地球
火星
木星
土星
天王星
海王星
终端激波
日球顶
1
10
100
旅行者1号
日球
星球空间

▲ 奥尔特云和太阳系各大行星及最接近的两颗恒星的相对距离示意图

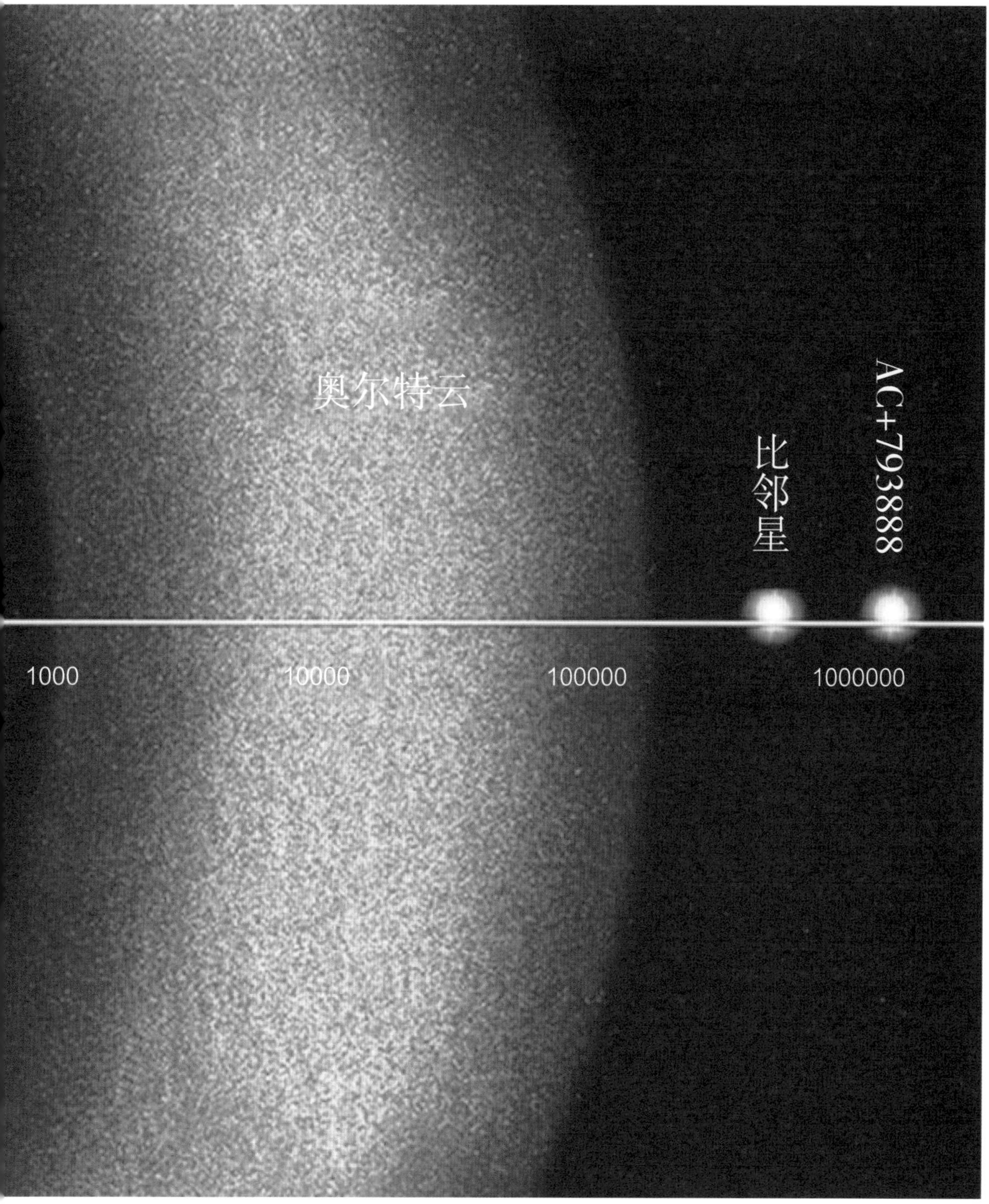

奥尔特云
比邻星
AC+793888
1000
10000
100000
1000000

行星的摄动甩出太阳系。另外，由于成分挥发性高，所以彗星每次接近太阳时，来自太阳的辐射都会使彗星物质渐渐挥发出去，直到彗星解体或形成保护性壳层。奥尔特因此推断，彗星不可能在现有的轨道上形成，而是曾很长时间位于太阳系的外端。

彗星依据运转周期可分为两类：短周期彗星与长周期彗星。短周期彗星的轨道较小，大小在 10 天文单位（AU）的数量级以下，并和各大行星的轨道一样与黄道基本处于同一平面。所有长周期彗星的轨道都非常大，大小可超过数千 AU 的数量级，且来自于各个方向，不局限于黄道平面上。奥尔特还注意到，多数长周期彗星的远日点都在约 2 万 AU 处，故推论在那个距离应有一个各向分布均匀的球形云团，作为这些彗星的发源地。

奥尔特云所占空间极大，其距离太阳最近处在 2000～5000AU（0.03～0.08 光年），最远处在 50000AU（0.79 光年）。最远处距离在某些文献中的估值为 100000～200000AU（1.58～3.16 光年）。奥尔特云可分为一个半径为 20000～50000AU（0.32～0.79 光年）的球形外层云团和一个半径为 2000～20000AU（0.03～0.32 光年）的环形内层云团。外层受太阳系内部的牵制较弱，是长周期彗星（有可能也是哈雷类彗星）在进入海王星轨道以内之前的起源地。内层又称希尔斯云，以 1981 年提出其存在的杰克 · G. 希尔斯（Jack G. Hills）命名。理论模型预测，内层云团所含的彗星核数量比外层多几十甚至几百倍。稀薄的外层会随时间渐渐消亡，一些学者认为，内层不断为外层补充新的彗星，是奥尔特云在形成后数十亿年仍然存在的原因。

外层天体中，直径大于 1 千米的可能有上兆个（万亿个），而绝对星等大于 11（即直径为 20 千米以上）的有几十亿个，各自之间相距数千万千米之遥。奥尔特云的总质量目前尚不确定，但如果假设外层中的彗星核均与哈雷彗星质量相仿，估计其总质量为 3×10^{25} 千克，约等于地球质量的 5 倍。早期估计奥尔特云的质量更高（最高有 380 个地球质量），但在更准确地掌握长周期彗星的大小分布之后，估值就相应降低了。尚无对内层云团的类似质量估值。

根据对彗星的实际观察推测，绝大部分的奥尔特云天体都由诸如水冰、甲烷、乙烷、一氧化碳和氰化氢的“冰”组成。然而，彗星 1996 PW 的外表符合 D- 型小行星的分类，但轨道却属于长周期彗星。它的发现，使一些理论学家猜想，奥尔特云可能还含有 1%～2% 的小行星。分析指出，长周期彗星和木星族彗星的碳氮同位素比率差异不大，尽管两者的起源地点截然不同。这意味着，两类彗星都源自于原太阳星云。

奥尔特发现，回归彗星的数量远比他的模型所预测的少。这一矛盾称为“彗星衰退”，至今还没有得到解决，已知的动力学过程都无法解释彗星数目在观测上过低的现象。可能的原因包括：潮汐力使彗星变形，碰撞或加热而导致解体，挥发物的完全消失导致彗星不可被观测，以及彗星表面形成挥发性低的

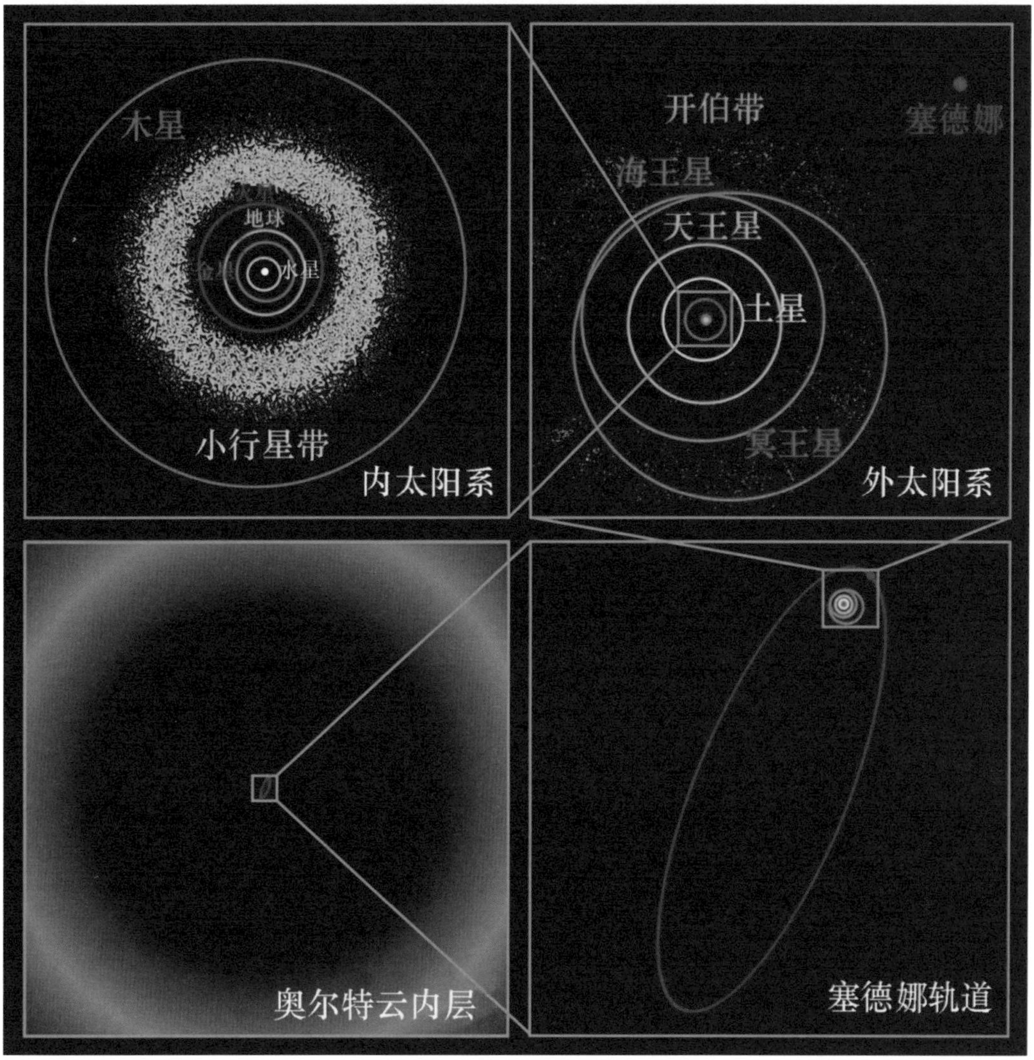

▲ 理论上奥尔特云的距离与太阳系其他结构的大小对比

壳层。对奥尔特云彗星的动力学研究发现，外行星范围的彗星出现次数比内行星范围高出几倍。这可能是木星强大的引力影响所造成的：木星起到了屏障的作用，使外来的彗星堕入其中，就像 1994 年的苏梅克 - 利维 9 号彗星一样。

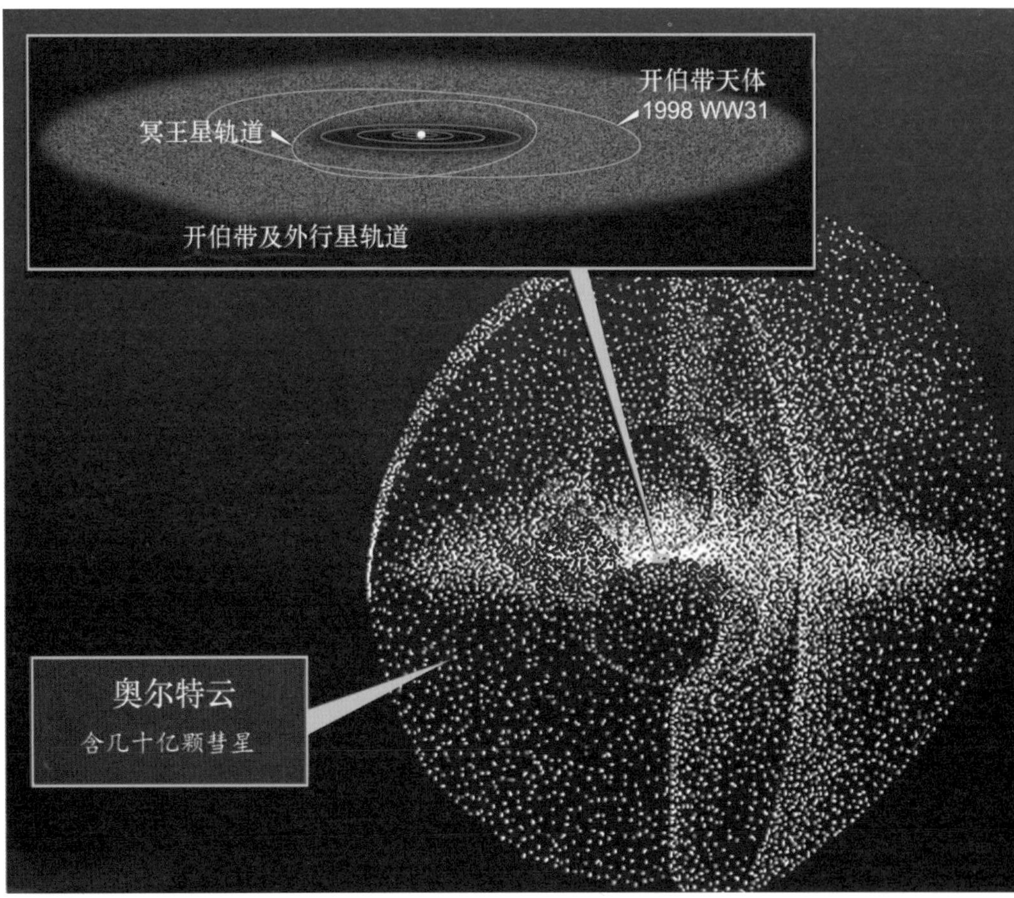

▲ 奥尔特云与开伯带

彗星的命运

▶ 飞出太阳系

如果一颗彗星以足够快的速度运行，那么它可以离开太阳系，这就是双曲线情况的彗星。到目前为止，已知会弹出太阳系的彗星都曾和太阳系的其他天体，如和木星发生过交互作用（摄动）。一个例子就是彗星 C/1980 E1，在 1980 年靠近木星飞越后，从围绕太阳运行的、周期为 710 万年的轨道上以双曲线轨道移除了。

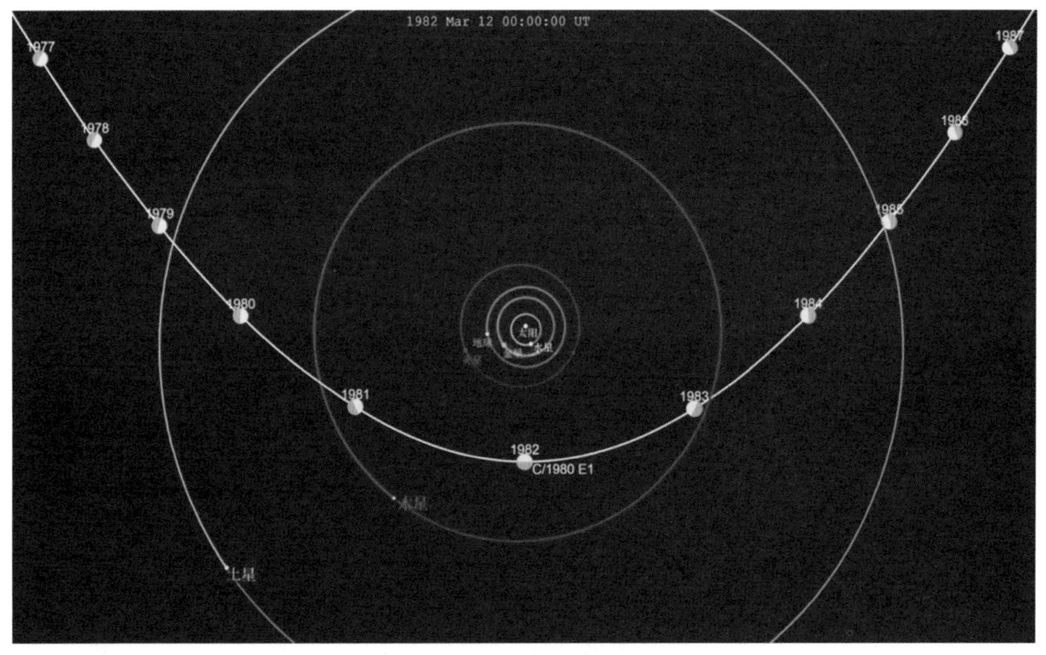

▲ 彗星 C/1980 E1 的轨道

▶ 耗尽挥发物质

木星族彗星和长周期彗星似乎遵循着非常不同的衰退法则。木星族彗星的活动大约是 10000 年，或是 1000 次的公转；而长周期彗星消失得更快，只有

10% 的长周期彗星能够通过短距离的近日点 50 次依然存活着，而只有 1% 能超过 2000 次。最终，大部分彗星的挥发性材料都会蒸发掉，使得彗星成为小而黑的惰性岩石，或是类似于小行星的废墟。

熄火彗星是已经耗尽掉绝大部分挥发性冰，只留下一点彗尾或彗发的彗星。在彗核内的挥发性物质蒸发掉之后，剩下的就是惰性的岩石或是类似于小行星的砾石。在它们要成为熄火彗星之前可能会经历一个过渡阶段，因为一颗彗星可能会因为挥发性物质被处于非活动状态的表面层密封在下方，而在休眠，并不是熄火。

▶ 瓦解或失踪

彗星也会碎裂成为碎片，例如：比拉彗星（3D/Biela）于 1846 年发生分裂，1872 年彗核完全分开，结果在 1872、1885、1892 年都引起非常壮观的流星暴，每小时流星数达 3000～15000 颗。73P/Schwassmann-Wachmann 从 1995 年也开始发生这样的现象。这些分裂可能是太阳或大行星引力导致的潮汐力造成的，或是由于挥发性物质的“爆炸”，以及其他尚未完全明了的原因。

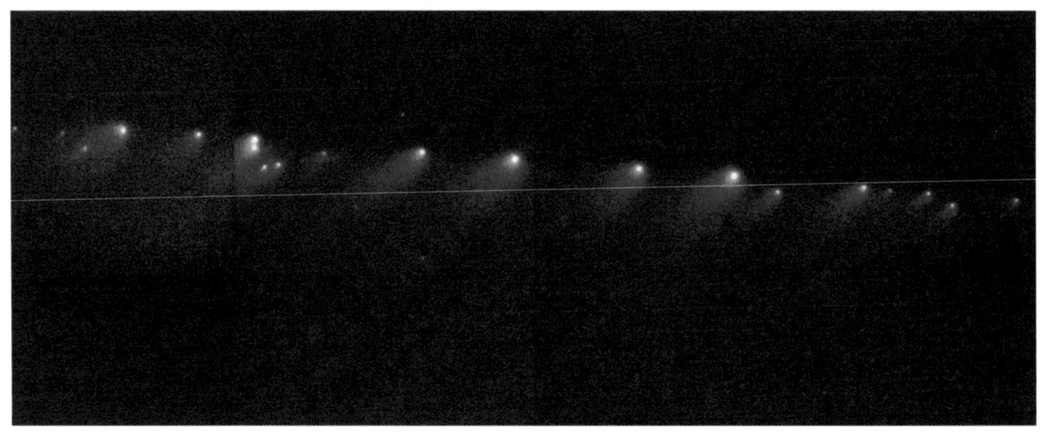

▲ 苏梅克－列维 9 号彗星分裂成 21 块碎片

比拉彗星是一颗已消失的短周期彗星。1846 年，该彗星被发现分裂为两块碎片，分别有各自的彗核和彗发。1852 年仍可以找得到，之后则再也找不

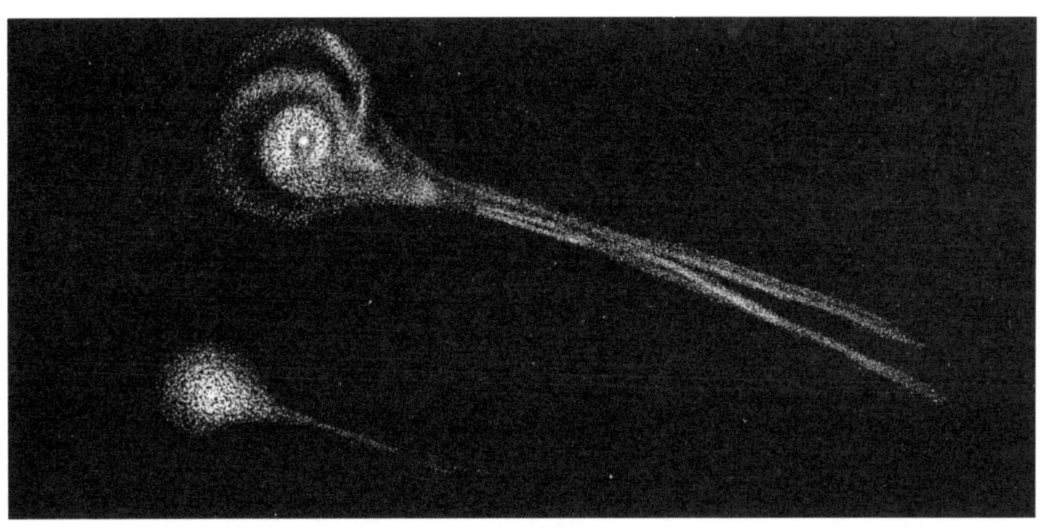

▲ 比拉彗星

▲ 1872 年 11 月观测到的流星雨

到其踪影。1872 年 11 月 27 日，在仙女座的位置上，出现了壮观的流星雨，被认为是比拉彗星的残骸。仙女座流星雨在 19 世纪每年仍可见到，但现在已变得微弱，几乎不可见。

许多在数十年前或数个世纪前发现的彗星现在已经成为失踪者了。它们或因为轨道不明确而难以预测未来的出现，或是已经瓦解了。然而，偶尔会发现一颗“新”彗星，但它们的轨道计算显示，这是旧有的“失踪”彗星。一个例子是坦普尔－斯威夫特－林尼尔彗星（11P/Tempel－Swift－LINEAR），在 1869 年发现，但在 1908 年受到木星的摄动就失踪了，直到 2001 年才意外地被 LINEAR 再度发现。

迷踪彗星是之前曾经发现的彗星，但在最近其将通过近日点的时刻却失踪了。一般是因为没有足够的观测资料可以计算可靠的轨道和预测它的位置。迷踪彗星相较于迷踪小行星，因为非重力的因素，如彗核的气体喷发，会影响彗星的轨道，使彗星的轨道计算有所不同。

有一些原因会造成彗星的失踪，使天文学家不能持续地再观测。首先，彗星轨道可能与大行星，像是木星，产生交互作用，而受到摄动。其次，一些非重力的因素，会改变彗星通过近日点的时刻。再次，彗星与行星的交互作用使得彗星的轨道远离了地球而不能被人类看见，或是将它们抛出了太阳系。

有时，一颗新发现的彗星原来是以前丢失的，可以经由轨道的计算和与以前记录的位置匹配而得到确认。对迷踪彗星，这是特别棘手的。例如，彗星 177P/ 巴纳德（也称为 177P/2006 M3），是爱德华 · 埃莫森 · 巴纳德（Edward Emerson Barnard）在 1889 年 6 月 24 日发现的，在 117 年后的 2006 年又再度被发现。在 2006 年 7 月 19 日，177P 彗星来到与地球相距只有 0.36 天文单位的距离。

远离的彗星不会被当成失踪看待，即使它们在数百年或数千年内不会再出现。使用更强大的望远镜可以在彗星通过近日点之后仍能观察很长的一段时间。例如，海尔－波普彗星于 1997 年接近时，就能以肉眼观察大约 18 个月之久。使用大望远镜的观测可以一直继续到 2020 年。

根据国际天文学联合会目前的规定，一颗失踪或是已经消失的彗星，会以英文字母“D”标示在名字之前。

▶ 碰撞

有些彗星有着更壮观的结局，要么落入太阳，要么粉碎后进入另一颗行星或天体。在太阳系的早期，彗星和行星或卫星之间的碰撞是很常见的。例如，月球表面有许多撞击坑，有些可能就是彗星造成的。最近一次彗星与行星的撞击发生在 1994 年 7 月，破裂了的苏梅克 - 列维 9 号彗星与木星相撞。

在早期的阶段，有许多彗星和小行星因相撞而进入地球。许多科学家认为彗星的轰击为年轻的地球（40 亿年前）带来了大量的水，形成了目前的海洋，即使不是全部也是很大的一部分。但也有其他的研究人员对这个理论产生怀疑。在彗星上检测到一些有机分子，使得有人推论彗星或陨石可能为地球带来了生命的前身，甚至就是生物本身。现在依然有许多彗星是近地彗星，但是地球与小行星撞击的概率还是高于彗星。

人们怀疑彗星的撞击，在长时间的尺度上，也能运送大量的水给地球的卫星，所以可能有一些月球冰会留存下来。

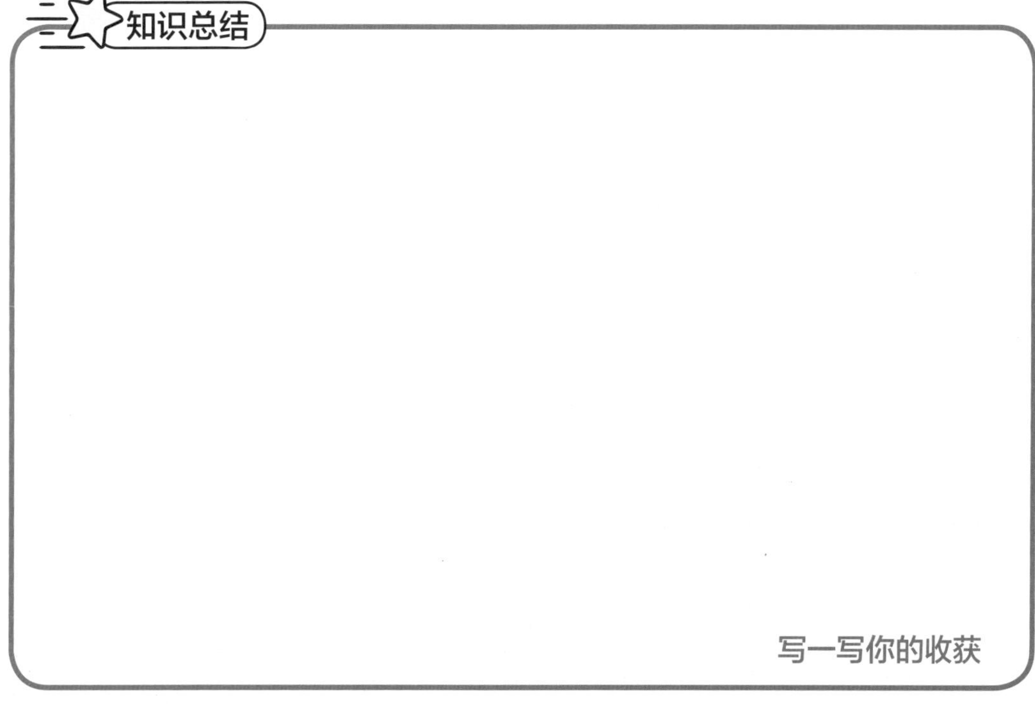

第 2 章

著名的彗星

彗星品种千千万，让我们数一数在宇宙已知的那些著名彗星吧。

著名的大彗星

▶ 霍姆斯彗星

17P / 霍姆斯彗星是太阳系的一颗周期彗星，于 1892 年 11 月 6 日首度被英国天文学家埃德温 · 霍姆斯发现。在 2007 年 10 月，它的星等在 42 小时内由 17 等暴增至约 2.8 等。这个变化相当于增加了 50 万倍的光度，并且成为最有名的爆发彗星。在 2007 年 11 月 9 日，这颗彗星的彗发，即包围在彗核外面的稀薄灰尘，直径超过了太阳，成为太阳系内最巨大的天体（虽然，以太阳系的标准，彗星的质量是微不足道的）。

到了 10 月 25 日，霍姆斯彗星已经成为英仙座内第三亮的星星。往后的一两个星期内，彗星的光度维持在 3 等左右，彗发并扩散至接近半度，而接近彗核的影像显示彗发有数条显著的喷流。

当大望远镜的观测显示了彗星详细的细节时，直到 10 月 26 日的肉眼观测仍显示这颗彗星看起来像是一颗恒星。在 10 月 26 日之后肉眼的观测才看出类似彗星的特征。2007 年的爆发期间，它的轨道相对于地球接近冲的位置，因为彗尾是背向太阳的，因此地球上的观测者几乎是以沿着彗尾的方向垂直地观察彗星，使得在望远镜中呈现的是一颗明亮的球体。以裸眼观察很容易看见它在夜空中是一个模糊的黄色小光点。

以 2007 年爆发之前的轨道和光度为基础，它的直径估计约是 3.4 千米。根据 2007 年 10 月后期的观测，彗发的直径从 3.3 弧分增大至 13 弧分，大约是月球在夜空中视直径的一半，在 2 个天文单位的距离上，这相当于 100 万千米的直径，或是太阳真实直径的 70%。如果将这颗彗星的核放置在地球的中心，它在 2007 年爆发期间的昏暗缘将是月球距离的两倍远。

下图左侧是由位于莫纳克亚山的 CFH 望远镜（加拿大 - 法国 - 夏威夷望远镜）拍摄的，显示了直径 140 万千米的彗发。位于彗发中心附近的白色“恒星”实际上是被尘埃覆盖的核。右侧是太阳和木星在同一比例尺上进行比较。

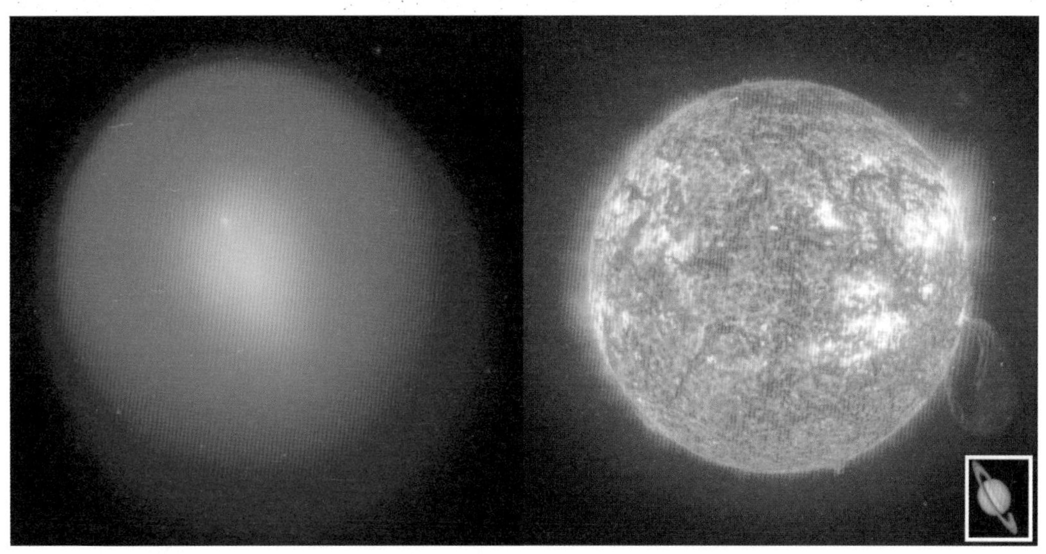

▲ 霍姆斯彗星享受着太阳系最大天体的荣誉
（太阳与木星以相同的比例尺与爆发的彗星比较）

霍姆斯彗星曾在 1892 年 11 月和 1893 年 1 月有两次爆发。

霍姆斯彗星的轨道周期约为 6 年，属于木星族彗星，其轨道受到木星的强烈影响。这些天体被认为在过去 45 亿年的大部分时间里都在海王星以外的开伯带绕太阳运行。霍姆斯彗星很可能是在过去几千年里被偏转到现在的轨道上的，它在太阳的高温下蒸发时正在失去质量。

再过几千年，它很可能撞上太阳，或撞上其他行星，也有可能从太阳系中喷射出去，或者干脆因为耗尽气体而死亡。

2008 年 3 月，NASA 的斯皮策空间望远镜捕捉到的照片是在彗星突然爆发的 5 个月后，一夜之间变亮了 100 万倍。右边的图是对比度增强了，容易看到彗星的剖面。每隔 6 年，霍姆斯彗星就会加速离开木星，向内朝向太阳，以同样的路线飞行，而不会发生意外。然而，在过去的 116 年里，在 1892 年 11 月和 2007 年 10 月，彗星在接近小行星带时神秘地爆炸了。天文学家仍然不知道爆炸的原因。斯皮策空间望远镜在左边的红外图像显示了细微的尘埃颗粒，构成了彗星的外壳，或者说是彗发。彗星的核心是在中心的明亮的白色区域内，而黄色区域则显示出在爆炸中从彗星中吹出的固体颗粒。这颗彗星正从太阳的右边离开，此时太阳位于图片的右边。右边对比度增强的图片显示了彗

▲ 2007 年 11 月 4 日在匈牙利拍摄的 17P/ 霍姆斯彗星离子尾

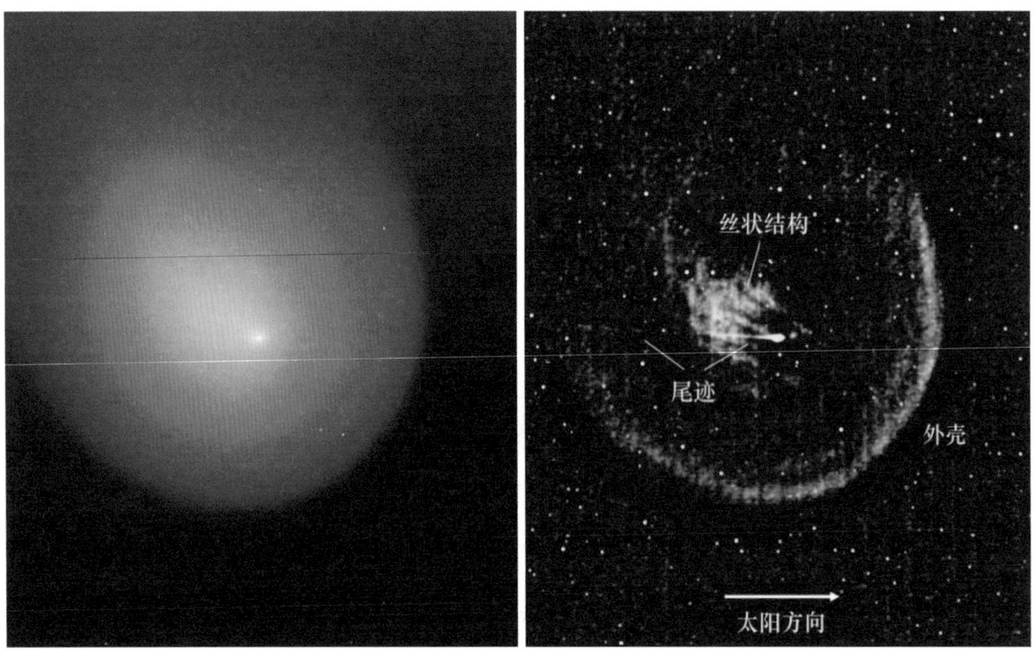

▲ 斯皮策空间望远镜捕捉到的霍姆斯彗星红外图像

星的外壳，以及奇怪的丝状物，或者是尘埃束。尘埃束和外壳是围绕着霍姆斯彗星的另一个谜。在 2007 年 10 月的爆炸中，科学家们起初怀疑这些尘埃束是由彗核碎片喷射出来的小尘埃颗粒，或者是彗核上的透明喷射流。如果是这样的话，当彗星沿着围绕太阳的轨道运行时，尘埃束和外壳都应该改变它们的方向。来自太阳的辐射压力本应将物质向后抛射出去。但是斯皮策空间望远镜拍摄的霍姆斯彗星的照片显示，尘埃束和外壳处于相同的构型，并没有远离太阳。这些观测结果让天文学家们困惑了。

▶ 海尔 - 波普彗星

海尔 - 波普彗星（Hale-Bopp，C/1995 O1）是一颗长周期彗星，于 1995 年由两位美国业余天文学家共同发现，于 1997 年 4 月 1 日过近日点。

1995 年 7 月 23 日，美国人艾伦 · 海尔和汤玛斯 · 波普分别独立发现该彗星，它是众多由业余天文学家发现的彗星当中，距离太阳最远的（于木星轨道外被发现）。与哈雷彗星比较，若把两颗彗星放在同一轨道上，海尔 - 波普彗星的亮度会超过前者千倍。

通常彗星在木星轨道外会比较不显眼，但海尔 - 波普彗星则例外，该彗星过近日点时光度为 -1.4 等，即使在城市中亦能以肉眼看见，是自 1975 年以来最亮的彗星。根据哈勃空间望远镜的影像，海尔 - 波普彗星的直径估计约 40 千米，属于大型彗星。

1996 年夏天，海尔 - 波普彗星开始可以用肉眼看见。同年下半年，它的光度增加速度放缓，但科学家仍持乐观态度，等待该彗星变得更亮。至 1996 年 12 月，由于它的天球位置太接近太阳，因此暂不能观测。1997 年 1 月，彗星重现，并已变得更亮，在遭光污染的城市夜空也容易找到它。

该彗星持续接近太阳，光度持续增强，至 1997 年 2 月已达 2 等，并可清楚看到其背向太阳的蓝色彗尾，在通过的轨迹留下淡黄色的彗尘。3 月 9 日，蒙古、西伯利亚东部和中国的漠河可见一次日全食，这些地区可以看到极其罕见的“日全食与彗星同观”现象，吸引了全世界天文爱好者忍着严寒观赏和拍照，中国并以此发行纪念册，中央电视台当天早上在包括漠河在内的九个城市

▲ 海尔－波普彗星

做现场直播。

同年 4 月 1 日，彗星通过近日点，其光度比不少星星要亮，仅次于天狼星。它的两条彗尾伸展至夜空的 30°～40° 。当时，由于该彗星的近日点日距较远，在天空每晚的暮光消失前均可看见，而其他不少彗星因近日点与太阳较近，只能在日落后一段短时间内观测。在北半球的观测者可于全晚看到该彗星。

该彗星在通过近日点后，便移往了天球的南半部，南半球的观测者看到该彗星于 1997 年夏季至秋季开始转暗，在 1997 年 12 月后便无法以肉眼看见，无须使用仪器观测的持续时间共有 569 天（18.5 个月），打破了 1811 年大彗星的纪录（9 个月）。

该彗星离开太阳后持续转暗，天文学家仍然对其展开追踪，至 2005 年 1 月，它已超越了天王星的轨道（21 AU）。

天文学家预计，该彗星在 2020 年以前，其光度在 30 等以内，仍可以强大的望远镜观测，之后便会难以与光度接近的远方星系分辨。按照现有的数据，它可能于公元 4380 年左右回归。

该彗星的上一次回归可能在 4200 年前发生，其轨道与黄道垂直。1996 年 3 月，它与木星距离达 0.77 天文单位，足以被木星的引力改变轨道。它的轨道被缩短，其公转周期缩短至 2380 年，而远日点也缩至 360 天文单位，相差大约 525 天文单位。

在海尔 - 波普彗星通过近日点期间，多位天文学家对它做出深入观测，其结果为彗星科学增添了不少新资料。

一般彗星的彗尾多由气体和尘埃所组成，但海尔 - 波普彗星的彗尾却带有金属元素钠，只能以配合特定滤波器的强大仪器观测。以往也曾有人观测过金属钠从彗星中释出，但从彗尾释出则属首次发现，因此这是最令人振奋的发现之一。该彗尾包含钠原子（非离子），其长度可达 5000 万千米。

据观测，该彗星的金属钠是来自其彗发内层和彗核，而钠原子的释出途径也有多个原理可以解释，包括包围着彗核的尘粒互相撞击，以及紫外线从尘粒中把钠喷出等，但现时尚未知道该彗星的钠是如何喷出的。

该彗星的尘埃彗尾背向其轨道，气体彗尾则背向太阳，而钠彗尾的方向则介于两者之间，代表钠原子是透过辐射压从彗头中释出的。

该彗星的重氢元素及其化合物包括重水，其含量达到地球海洋中重水含量

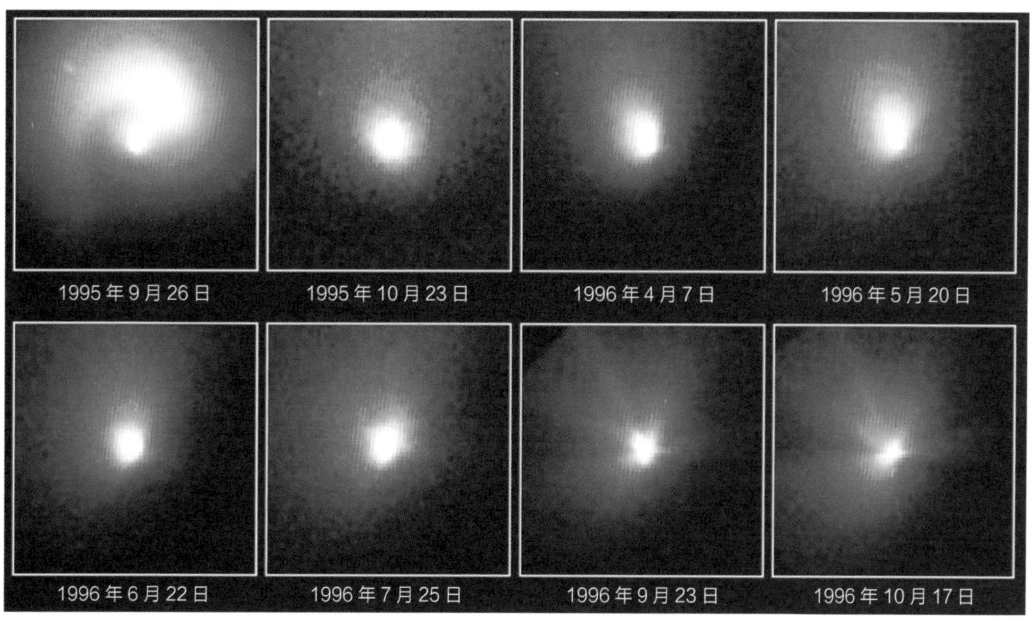

▲ 哈勃空间望远镜对海尔 - 波普彗核成像

的两倍，因此推论得出彗星撞击地球虽能为地球带来适量水源，但如果其他彗星均含有不少重水的话，彗星将不是地球唯一的水源。

另外，人们也在该彗星上的氢化合物中找到不少重氢，而重氢与一般氢的比例，在不同的化合物中也不相同，使天文学家认为该彗星的冰块是在星际云中形成的，而非在太阳星云。据推算，该彗星在星际云形成冰块时，其温度介于 25~45K 之间。

透过光谱观测，得出该彗星含有不少有机化合物，当中多种物质是首次被发现。它们的分子可能藏于彗核内，彗发的活动或可使它们产生化合作用。

人们也从这颗彗星中侦测到稀有气体氩，这些气体具有不活跃及高挥发性的特点，而不同的惰性气体元素，其升华温度也不相同，因此可用作探测彗星冰的温度历史。元素氖的升华温度为 16~20K，在该彗星中的元素比例不到太阳的二十五分之一，而氩的升华温度则较高，在该彗星中的元素比例比太阳高。按照这些观测结果，推断出该彗星内部的温度一直保持在不高于 35~40K，但高于 20K 的水平。除非太阳星云的温度和氩含量比人们想象的要高，否则人们认为这颗彗星于海王星外的开伯带区域形成，并迁移至奥尔特云。

科学家观测到该彗星并不是均匀地喷出气体，而是从特定的位置喷出，他们透过观测喷发位置的变化而计算出其自转周期为 11 小时 46 分，其后发现它有不止一条自转轴。

▶ 百武彗星

百武二号彗星（C/1996 B2）是一颗非周期性彗星，由日本鹿儿岛业余天文学家百武裕司于 1996 年 1 月 30 日在日本鹿儿岛县发现，这是他发现的第二颗彗星。该彗星于 1996 年 3 月 25 日最接近地球（距离地球约 135 万千米），由 2 月初的 10 等猛增至 3 月底的 0 等。蓝绿色彗头配以 3 月底时长达 120 度的彗尾，细长的蓝色彗尾横跨北斗七星至半个天空，令不少目睹的天文爱好者着迷。

3 月 25 日，哈勃空间望远镜拍摄到百武彗星彗核物质分裂的样子，同时地面天文爱好者亦拍摄到此现象。3 月 26 日至 28 日，美国和德国的天文学家

▲ 百武二号彗星

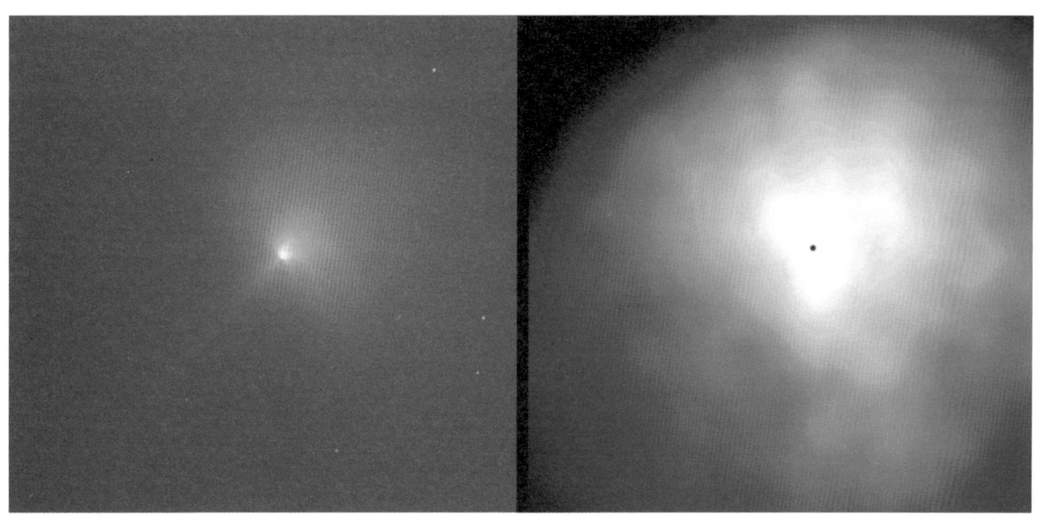

▲ 百武二号彗星的彗发
左图使用了红光滤波器，右图使用了紫外滤波器

使用伦琴 X 射线天文卫星（ROSAT）发现彗星的 X 射线辐射，这是人类首次探测到彗星发射 X 射线，且其强度也是天文学家始料不及的。百武彗星的 X 射线是在彗星内部形成还是太阳风与彗星物质的猛烈撞击产生的还没有定论。它

于同年 5 月 1 日通过近日点。

这颗彗星的公转周期极长，对照上一次回归的时间约为 17000 年前，由于受行星引力影响致其轨道改变，因此以后 10 万年内回归的机会很少。

百武裕司发现的第一颗彗星编号为 C/1995 Y1（1995 年 12 月 25 日在鹿儿岛县发现），由于此彗星光度不亮（最亮也只有 7.8 等），普通小型望远镜难以看到，因此不被天文爱好者关注，而第二颗明显比第一颗亮得多，从而更为人熟悉，因此“百武彗星”通常是指第二颗。

▶ 麦克诺特彗星

麦克诺特彗星（C/2006 P1）是一颗由澳大利亚的天文学家罗伯特 · 麦克诺特在 2006 年 8 月 7 日发现的彗星。它在 2007 年 1 月上旬，过近日点前亮度大增，是 30 年来最亮的彗星（只计最亮光度）；也是 70 年来第二亮的，仅次于 1965 年达 -17 等的池谷 · 关彗星；比 1947 年的南天大彗星 C/1947 X1、1976 年的威斯特彗星 C/1975 V1、1996 年的百武彗星以及 1997 年的

▲ 2007 年 1 月 20 日拍摄的麦克诺特彗星

▲ 2007 年 1 月 23 日拍摄的麦克诺特彗星

海尔－波普彗星都还要亮。2007 年 1 月底前在南、北半球较高纬度地区，白天肉眼可见。

麦克诺特彗星被发现后，星等一直维持在 17 等；但在 2006 年 12 月初运行至蛇夫座时，亮度增至 9 等；中旬后增至 6 等；2007 年元旦后增至 4 等，随着彗星越来越接近太阳，光度也不断地增加；2007 年 1 月 5 日，该彗星过近日点（此时彗星位于人马座天区），光度也达到最高的视星等 –5.5 等，光度增幅相当惊人，彗尾亦增长至约 2 度。但因彗星接近太阳，几乎与太阳同升落，因此在低纬度地区不易观测。至于高纬度处，因地平高度角稍高，不少天文爱好者得以在黄昏或黎明之时观测、拍摄到彗星的身影，甚至在白天里，只要天气够晴朗，也能以肉眼在天空中找到麦克诺特彗星。

2007 年 1 月 12 日至 16 日，该彗星可在 SOHO 卫星的观测范围内被观测到。过近日点后该彗星移至南天星座，于 1 月 15 日起在南半球地区日落后的西方低空（金星左侧）看到，亮度亦趋降至 18 日的 –1.5 等、20 日的 1 等；同时出现壮观的彗尾，虽然暗淡得目视看不到，但以两分钟以上的追踪摄影，甚至固定摄影即可拍下。

通过近日点后，麦克诺特彗星的尘埃尾呈现了非常特殊的扇形，彗尾末端散开呈现辐射状，其中最宽的条纹阔逾 10 度，长达 35 度，弯曲超过 135 度（而满月的视直径约是 0.5 度），与黄道光几乎重叠。在彗星西下后 1～2 小时内，仍可看到彗尾，甚至在北半球的一些地区都能观测到。

麦克诺特彗星的扇形尘埃彗尾成因尚未明了，有可能是彗核所喷发出的物质受太阳风推压，进而呈现出辐轮的形状。同样的现象也发生在 1910 年 1 月大彗星（C/1910 A1）、1976 年的威斯特彗星以及 1965 年池谷·关彗星之上。

壮观的彗尾在 2 月上旬起已收细成一小扇形状，而视光度亦在 2 月 10 日降至 4 等左右。

▶ 洛弗乔伊彗星

洛弗乔伊彗星（C/2011 W3）是由澳大利亚天文爱好者特里·洛弗乔伊在 2011 年 11 月 27 日发现的周期彗星。这是洛弗乔伊独立发现的第三颗彗星，

▲ 国际空间站在 2011 年 12 月 21 日拍摄到的洛弗乔伊彗星

也是近 40 年来在地面上发现的第一颗克鲁兹族彗星。2011 年 12 月 16 日，该彗星在太阳日冕中通过近日点，距离太阳表面约 140000 千米。虽然科学家认为该彗星在撞击日冕后将会毁灭，但太阳动力学天文台（SDO）之后的摄像画面发现虽然该彗星在日冕中丧失了大部分物质，但依然顺利通过近日点，存活着离开了太阳。

2011 年 12 月 3 日，STEREO-A 卫星开始对该彗星进行观测，12 月 14 日，SOHO 卫星开始捕捉该彗星接近太阳的画面。在该彗星接近近日点的过程中，STEREO-A、SDO、SOHO、日出和 Proba-2 等 5 颗卫星的 18 种仪器对其进行联合研究。该彗星在撞击日冕前，视星等达到最亮的 -4 等，和金星的光度差不多，它是 2007 年光度达到 -6 等的大彗星麦克诺特彗星之后出现的最亮彗星。12 月 21 日开始，C/2011 W3 在南半球可以在日出前肉眼直接看到。 2015 年 10 月 23 日，科学家在彗星上发现两种构成生命所需的复杂分子（乙醇和简单糖类乙醇醛）。

▲ 2014 年 12 月 17 日拍摄到的洛弗乔伊彗星

▶ 池谷 · 关彗星

池谷 · 关彗星（C/1965 S1）是一颗由日本业余天文学家池谷薰和关勉于1965 年 9 月 18 日发现的非周期彗星，于 10 月 21 日过近日点（与太阳表面距离约 45 万千米），并预料其光度会大增。

到了预定的日子，一如预期所料，该彗星在空中异常光亮，其星等达 -17 等，比满月的光度还要高 60 倍，在白天也能看见它在太阳附近，因此它是近

▲ 池谷 · 关彗星

千年来最亮、最壮观的彗星之一。

该彗星在通过近日点前分裂为三块碎片，其轨迹大致相同，在 10 月末的早上可以看到光亮的彗尾。至 1966 年初，它与太阳的距离渐远，光度也随之转暗。

▶ 哈雷彗星

1 | 对哈雷彗星的观测研究

哈雷彗星（1P/Halley）是著名的短周期彗星，每隔 75~76 年就能从地球上看见，是唯一能用裸眼直接从地球看见的短周期彗星，人一生中可能经历两次它的来访。其他能以裸眼观察的彗星可能会更壮观和更美丽，但可能要数千年才会出现一次。

至少在公元前 240 年，或许在更早的公元前 466 年，哈雷彗星返回内太阳系就已经被古代的天文学家观测和记录到。在古中国、古巴比伦和中世纪的欧洲都有这颗彗星出现的清楚记录，但是当时并不知道这是同一颗彗星的再次出现。英国人爱德蒙 · 哈雷最先使用开普勒第三定律估算出它的周期，1758—1759 年彗星再次来临的时候，这颗彗星被命名为哈雷彗星，以纪念哈雷的工作。哈雷彗星上一次回归是在 1986 年，而下一次回归将在 2061 年。

1986 年哈雷彗星回归时，人类第一次用卫星详细观察该彗星，得到了第一手的彗核结构与彗发和彗尾形成机制的资料。这些观测支持一些彗星结构的假设，如弗雷德 · 惠普的“脏雪球”模型比较正确地预测了哈雷彗星是挥发性冰——水、二氧化碳、氨和宇宙尘埃的混合物。资料使科学家建立了更准确的模型，例如，哈雷彗星的表面大部分是宇宙尘埃，没有挥发性物质，并且只有一小部分是冰。

哈雷彗星是第一颗被确认的周期彗星。文艺复兴之前，多数哲学家认定彗星的本质是地球大气中的一种扰动，如亚里士多德所论述的。第谷在 1577 年推翻这种说法，他以视差的测量显示彗星一定比月球更远。许多人依然不认同彗星轨道是绕着太阳，并且假定它们在太阳系内的路径是遵循直线行进的。

1687 年，艾萨克 · 牛顿发表了《自然哲学的数学原理》，介绍引力和运动的规律。虽然他怀疑在 1680 年和 1681 年相继出现的两颗彗星是掠过太阳之前和之后的彗星（1680 年大彗星，后来发现他是正确的），但因为他的工作还未完成，因此未将彗星放入他的模型中。牛顿的朋友爱德蒙 · 哈雷在 1705 年发表《天文学对彗星的简介》，使用牛顿运动定律计算木星和土星的引力对彗星轨道的影响。他检视历史的记录后，发现 1682 年出现的这颗彗星与 1531 年阿皮昂（Petrus Apianus）、1607 年开普勒观测的彗星的轨道要素几乎相同。因此哈雷推断这三颗彗星是同一颗彗星，周期在 75~76 年之间。在粗略地估计行星引力对彗星的摄动之后，他预测这颗彗星在 1758 年将会再回来。

直到 1758 年 12 月 25 日，这颗彗星才被德国的一位农夫和业余天文学家约翰 · 帕利奇（Johann Georg Palitzsch）观测到，证实哈雷的预测是正确的。它受到木星和土星摄动延迟了 618 天，直到 1759 年 3 月 13 日才通过近日点。哈雷于 1742 年逝世，未能活着看见这颗彗星的回归。彗星回归的确认，首度证实了除了行星之外，还有其他的天体绕着太阳公转。这也是牛顿天体物理学最早成功的预测。1759 年，法国天文学家尼可拉 · 路易 · 拉卡伊将这颗彗星命名为“哈雷彗星”，以纪念爱德蒙 · 哈雷的工作。

2 | 哈雷彗星的观测记录

最早和最完备的哈雷彗星记录皆在中国。据朱文鑫考证，自秦始皇七年（公元前 240 年）至清宣统二年（1910 年）共有 29 次记录，并符合计算结果。

在欧洲，哈雷彗星的记录也十分详尽，最早的记录在公元前 11 年，但哈雷彗星回归与其他彗星一样，被众多迷信的居民联想成稀罕的灾星，与灾祸联系在一起，1066 年 4 月回归时，英国刚好遇到诺曼底公爵王朝前的侵略战争，当时居民见到彗星高挂的恐惧情况被绘在贝叶挂毯上留传后世。

中国古书记载：

前 613 年，《春秋》：“秋七月，有星孛入于北斗。”

前 240 年，《史记 · 始皇本纪》：“始皇七年，彗星先出东方，见北方；五月见西方，……彗星复见西方十六日。”

前 163 年 5 月 12 日，汉文帝后元二年己卯正月壬寅，《汉书 · 天文志》：“天欃夕出西南。”

前 87 年 7 月 10 日，汉昭帝始元二年，《汉书 · 天文志》：“孝昭始元中，汉宦者梁成恢及燕王候星者吴莫如，见蓬星出西方天市垣东门，行过河鼓，入营室中。”

前 12 年 10 月 9 日，汉成帝元延元年，《汉书 · 五行志》：“元延元年七月辛未，有星孛于东井，践五诸侯，出河戍北，率行轩辕太微，后六日度有余，晨出东方；十三日，夕见西方，犯次妃，锋炎再贯紫宫中；大火当后，达天河，除于后妃之域，南逝度，犯大角摄提，至天市而按节徐行，炎入市中，旬而后西去，五十六日与苍龙俱伏。”

66 年 2 月 20 日，汉明帝永平八年，《后汉书 · 天文志》：“永平八年，六月壬午，长星出柳、张三十七度，犯轩辕，刺天船，凌太微，至上阶，凡现五十六日去柳。”

607年3月18日，《隋书·天文志》："大业三年三月辛亥，长星见西方，竟天，干历奎、娄，至角、亢而没；至九月辛未，转见南方，亦竟天，又干角、亢，频扫太微、帝座，干犯列宿，唯不及参、井，经岁乃灭。"

684年10月7日，《新唐书·天文志》："光宅元年九月丁丑，有星如半月，见于西方。"

989年9月3日，《宋史·天文志》："端拱二年七月戊子，有彗出东井、积水西，青白色，光芒渐长，晨见东北，旬日，夕见西北，历右摄提，凡三十日，至亢没。"

1145年4月18日，《宋史·天文志》："绍兴十五年四月戊寅，彗星见东方。丙申复见于参度。五月丁巳，化为客星，其色青白。壬戌留守张，至六月丁亥乃销。"

1301年10月27日，《元史·天文志》："大德五年八月庚辰，彗出东井二十四度四十分，如南河大星，色白，长五尺，直西北，后经文昌、斗魁，南扫太阳，又扫北斗、天机、紫微垣、三公、贯索，星长丈余，至天市垣，巴蜀之东，梁楚之南，宋星上，长盈尺，凡四十六日而灭。"

1910年之回归　直至1910年回归时，仍有部分民众对哈雷彗星充满恐惧。当时测算出来的结果显示：过近日点后的哈雷彗星彗尾将扫过地球。有报纸故意夸大其恐怖性，称彗尾中有毒气会渗入大气层，并毒死地球上大部分人。正如科学家所预料的，这种情况并未发生。

这次回归开始，哈雷彗星有了照片和光谱记录。回归最早在1909年9月11日被发现，当时彗星光度16等。1910年5月中旬直至月底，彗核光度达2~3等，5月17日彗尾长达100度，往后更发展至140度之长。由于天文学家已预计5月20日地球经过哈雷彗星的彗尾（两者相距只有0.15 AU），这引起包括气象学研究人员对环境的监测。这段时间拍下的彗头照片显示了彗头复杂动荡的结构，并且有晕状和鸟冠状的光芒，5月24日彗核中心分为两个，各被抛物线状物包围。当年8月时为9等星，翌年1月时变为13～14等，那次回归最后的观测记录是1911年6月16日。

1986年之回归　哈雷彗星1986年的回归是人类有史以来对它所做的最

详尽的一次观测，尽管这次回归它远远没有以往回归时那样的明亮。假如没有现代的观测与分析工具，这一次回归可能不被人们发现。1982 年 10 月 16 日，回归途中的哈雷彗星率先被美国帕洛马山天文台 5 米反射望远镜以 CCD 捕捉到，当时光度为 24.2 等，当时暂定名为 1982I。

由于 1910 年观测时没有计划，当时各天文台观测方法和仪器上没有互相联系，故没有形成良好成果。1986 年，为更有效协调全球观测网络，世界各天文台和天文爱好者之间联合观测。以美国喷气推进实验室（JPL）为中心，由 NASA 赞助，并经国际天文学联合会（IAU）赞同，由 22 位天文学家组成委员会于 1982 年 8 月 16 日在希腊举行的国际天文学联合会第 18 次全体会议上正式成立“国际哈雷彗星观测计划”。计划有统一的观测原则，出版规范观

▼ 1986 年拍摄到的哈雷彗星

▲ 欧洲南方观测台拍摄到的哈雷彗星

测资料和方法，也考虑资料整理，因此使比较研究更容易。此计划由 1983 年 10 月中旬开始直至 1987 年末，不间断地对哈雷彗星进行观测。

为了观察哈雷彗星，当时参加这个“国际哈雷彗星观测计划”的国家和地区所属太空中心中，NASA、苏联太空局、欧洲空间局以及日本宇宙空间研究所发射了七架宇宙探查器，其中由美国发射的 ICE、欧洲发射的乔托号、日本发射的先驱号和彗星号以及苏联发射的维加一号和二号，在天文迷中普遍被称作“哈雷舰队”。

1991 年 2 月，南欧天文台以 1.54 米丹麦望远镜观测到哈雷彗星的光度突然从 25 等增亮至 21.5 等，并冒出 20 角秒（约 20 万千米）的彗发，这估计是受到一颗小行星的撞击或者太阳耀斑的激波激发所致。

20 世纪最后一次在拍摄中发现哈雷彗星是在 1994 年 1 月 10 日，以智利的 3.58 米新技术望远镜（New Technology Telescope）观测。

21 世纪的观测 2003 年 3 月 6 日，天文学家以南欧天文台三座 8.2 米 VLT 望远镜在长蛇座头部再次拍到它（81 张照片，共计 9 小时曝光），距地球 27.26 AU（40.8 亿千米），光度 28.2 等。天文学家相信：以现时观测技术，即使它在 2023 年过远日点（35.3 AU）也可拍到其影像。哈雷彗星下次过近日点为 2061 年 7 月 28 日。

著名的掠日彗星

▶ 克鲁兹族彗星

在多种掠日彗星类型之中，以克鲁兹族彗星（Kreutz Sungrazers）最为著名，它们全是由一颗巨大彗星在进入内太阳系时分裂而成，从而产生不少小型彗星。在公元前 371 年，亚里士多德和伊壁鸠鲁目睹的极亮彗星可能是其母体。

1843 年、1882 年出现的大彗星，以及 1965 年的池谷 · 关彗星，全是同一彗星的碎片。它们通过近日点时，放出极为光亮的彗尾，其光度比满月还要亮得多，在晴朗的白天肉眼也能看得到。

随着 1995 年发射 SOHO 卫星，更多的克鲁兹族掠日彗星被发现。人们认为克鲁兹族彗星的数量比估计的多。在未来，可能会有一大群克鲁兹族掠日彗星回归。

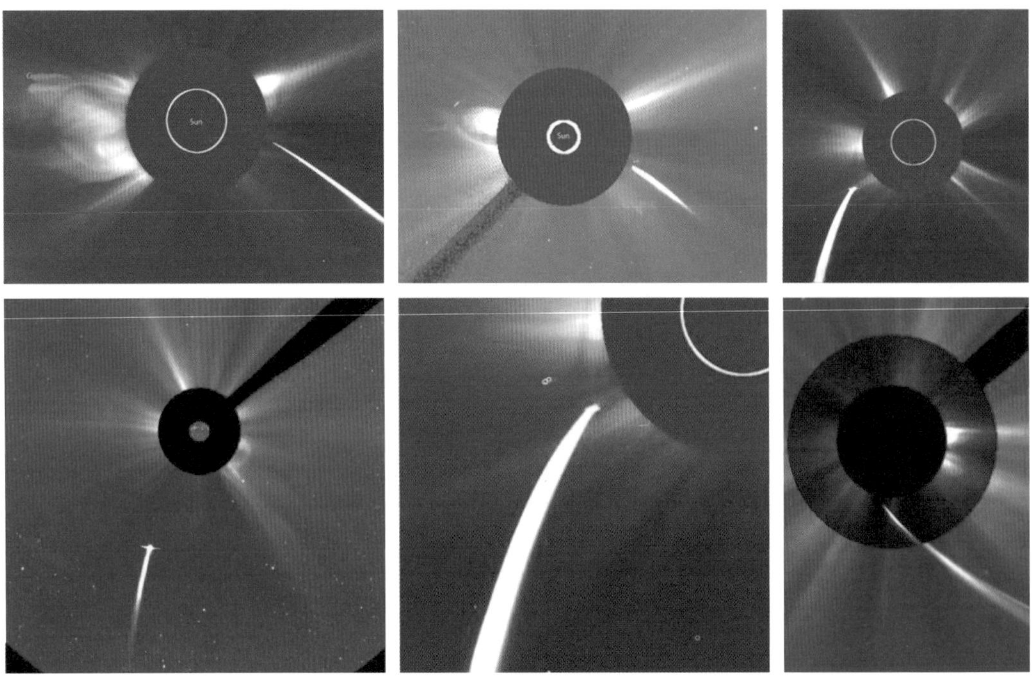

▲ 部分克鲁兹族掠日彗星

当彗星靠近太阳时，会受到强烈的太阳辐射，这些辐射会使它们的水或其他挥发物蒸发掉。辐射和太阳风的物理推力也有助于形成尾巴。靠近太阳的彗星还会经历非常强烈的潮汐力，或者重力应力。在这个充满敌意的环境中，许多彗星在绕太阳的旅途中无法生存。尽管它们实际上并没有撞击到太阳表面，但无论如何，太阳还是能够摧毁它们。

▶ 其他掠日彗星

在 SOHO 卫星所观测到的掠日彗星中，有近 90% 属于克鲁兹族，而余下的 10% 则较为零散，并不时常出现，它们分为四大类，分别为科里切特族（Kracht）、科里切特 2A 族、马斯登族（Marsden）及迈耶族（Meyer）。当中马斯登族及科里切特族或与 96P 周期彗星——梅克贺兹一号彗星存在着莫大关系，该彗星也可能是象限仪座流星雨及白羊座流星雨的母体彗星。

象限仪座流星雨是每年 1 月发生的流星雨。与其他流星雨相比，这是一场奇怪的流星雨。它只有几个小时的短狭窄高峰，但它经常以大型的“火球”流星为标志，这些流星看起来比一般的流星更绚丽、更明亮、持续时间更长。尽管流星雨的高峰期很短，但在流星雨的高峰期，如果没有月球和其他光线的影响，观众每小时将会看到大约 120 颗流星。可以说象限仪座流星雨是北半球的一份新年大餐。

知识总结

写一写你的收获

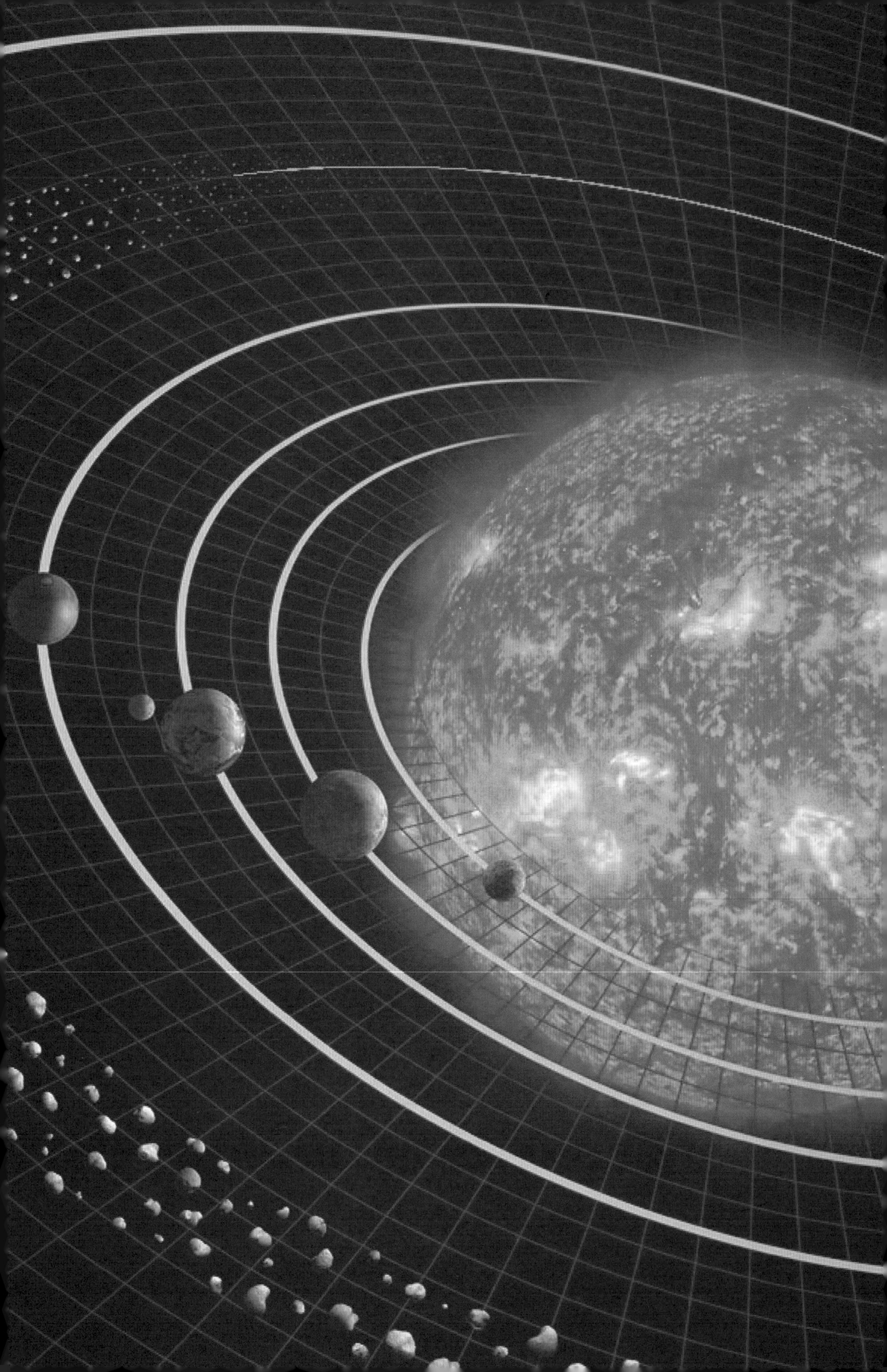

第 3 章

研究彗星的意义

研究彗星是一件特别有意义的事情，难道你不想知道彗星与生命、太阳系的起源有什么关系吗？或者你不想了解一下如果彗星撞击地球了，我们的世界会发生什么样的变化吗？流星雨你一定听说过，但是你真正了解它吗？

科学意义

▶ 彗星与生命起源

彗星很可能已经向早期地球提供了许多水和碳基分子（有机物），使生命得以形成。地球上的生命开始于一个叫作“晚期严重撞击”的时期，大约在 39 亿年前。在此之前，星际碎片大量涌入，以至于原始地球太热，无法形成生命。在小行星和彗星的猛烈轰击下，地球上的表层水都将被蒸发，而那些脆弱的碳基分子是无法生存的。地球上已知最早的化石是 35 亿年前的，有证据表明，生物活动发生的时间更早——就在这一时期的末期，即“晚期严重撞击”。所以生命开始的窗口很短。

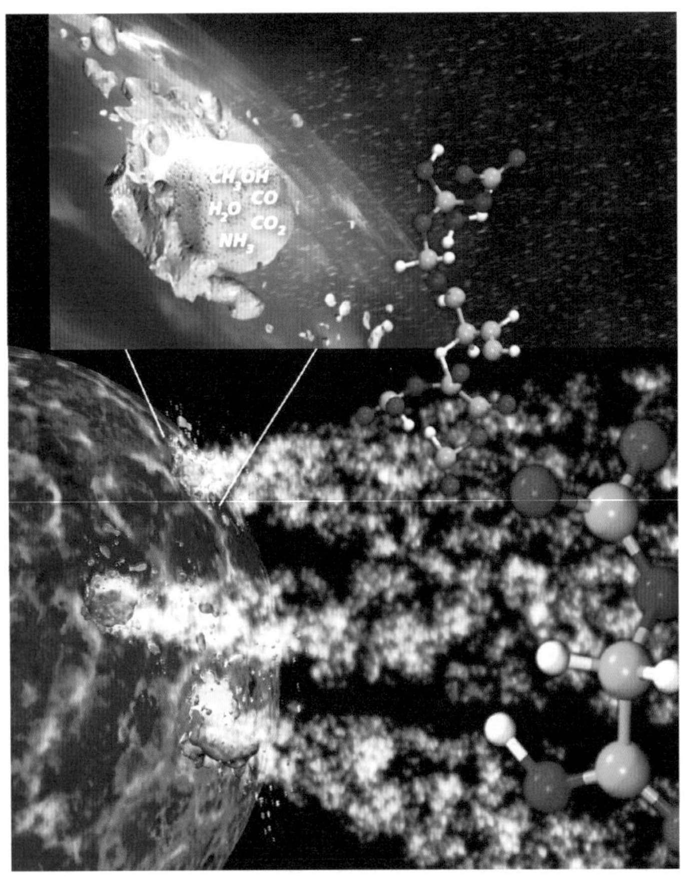

▲ 彗星与地球上的生命

作为外太阳系形成过程中原始的、残余的组成部分，彗星为研究大约 46 亿年前行星形成的化学混合物提供了线索。如果我们想知道主要行星形成的原始混合物的构成，那么我们就必须确定这一形成过程中剩余碎片——彗星的化学成分。彗星是由大量的水冰、尘埃和碳基化合物组成的。由于

它们的轨道路径经常穿过地球，彗星与地球经常发生碰撞。现在我们知道，大约6500万年前，一颗彗星（或者一颗小行星）撞击了墨西哥的尤卡坦半岛，这次撞击直接导致了恐龙灭绝。

彗星有这种奇怪的二重性，它们在大约39亿年前首次将生命的基本单元带到地球上，随后的彗星碰撞可能摧毁了许多发展中的生命形式，只允许最具适应性的物种进一步进化。事实上，我们可能要感谢彗星碰撞。与地球发生灾难性的彗星碰撞只可能发生在数百万年的平均间隔内，所以我们不需要过度关注这种类型的威胁。谨慎的做法是，努力发现和研究这些物体，以确定它们的大小、组成和结构，并密切关注它们的未来轨迹。

彗星是一种很特殊的星体，与生命的起源可能有着重要的联系。彗星中含有很多气体和挥发成分。根据光谱分析，主要是C_2、CN、C_3，另外还有OH、NH、NH_2、CH、Na、C、O等原子和原子团。这说明彗星中富含有机分子。许多科学家注意到了这个现象：也许，生命起源于彗星！1990年，NASA的科学家对白垩纪至第三纪界线附近地层的有机尘埃作了这样的解释：一颗或几颗彗星掠过地球，留下的氨基酸形成了这种有机尘埃；在地球形成早期，彗星也能以这种方式将有机物质像下小雨一样洒落在地球上——这就是地球上的生命之源。

▶ 彗星与太阳系起源

彗星虽然是小天体，但却是太阳系的老寿星，由太阳系诞生初期的物质组成。由于它们自身温度极低并置身于“天寒地冻”的宇宙空间，自太阳系诞生以来，彗星成分几乎不变，对它们的研究有助于揭开太阳系形成的奥秘。

自1755年康德提出太阳系起源的星云说以来，已有四十多种学说，但其中还没有一种学说是比较完整的和被普遍接受的。任何科学的太阳系起源学说都必须从观测事实出发，接受观测事实的检验，并能圆满地说明现今太阳系的主要特征。

行星的物质来源和行星的形成方式，是太阳系起源的两个基本问题。根据对行星物质来源的看法，可以把各种学说分为三类：（1）灾变说或分出说，认为行星物质是因某一偶然的巨变事件从太阳中分出的，例如由于另一颗恒星走近或碰到太阳，或者由于太阳爆发，从太阳分出的物质后来形成行星。(2)俘获说，认为太阳从恒星际空间俘获物质，形成原行星云，后来演变成行星。(3)共同形成说，认为整个太阳系所有天体都是由同一个原始星云形成的，星云中心部分的物质形成太阳，外围的物质形成行星等天体。俘获说和共同形成说的共同点是星云集聚形成行星，常合称为“星云说”。每一类又都有几种学说，各有各的具体内容。

当前，人类对早期太阳系形成的原始太阳圆盘的认识是有限的。通过研究彗星的样品，如“星尘号”探测器从怀尔德 2 号彗星取回的尘埃颗粒，可以追溯到太阳系的开始，包含了关于它最早的历史线索。

当人们到更远的地方取太阳样品时，会发现一些更原始的材料。大约 10% 的开伯带彗星是未改变的星际物质。这些材料中有一些是在太阳系形成之前，在其他恒星的流出(排放)中凝结的前太阳颗粒。然而，大多数星际物质可能是在星际介质中形成的。

▲ 太阳系起源的星云假说

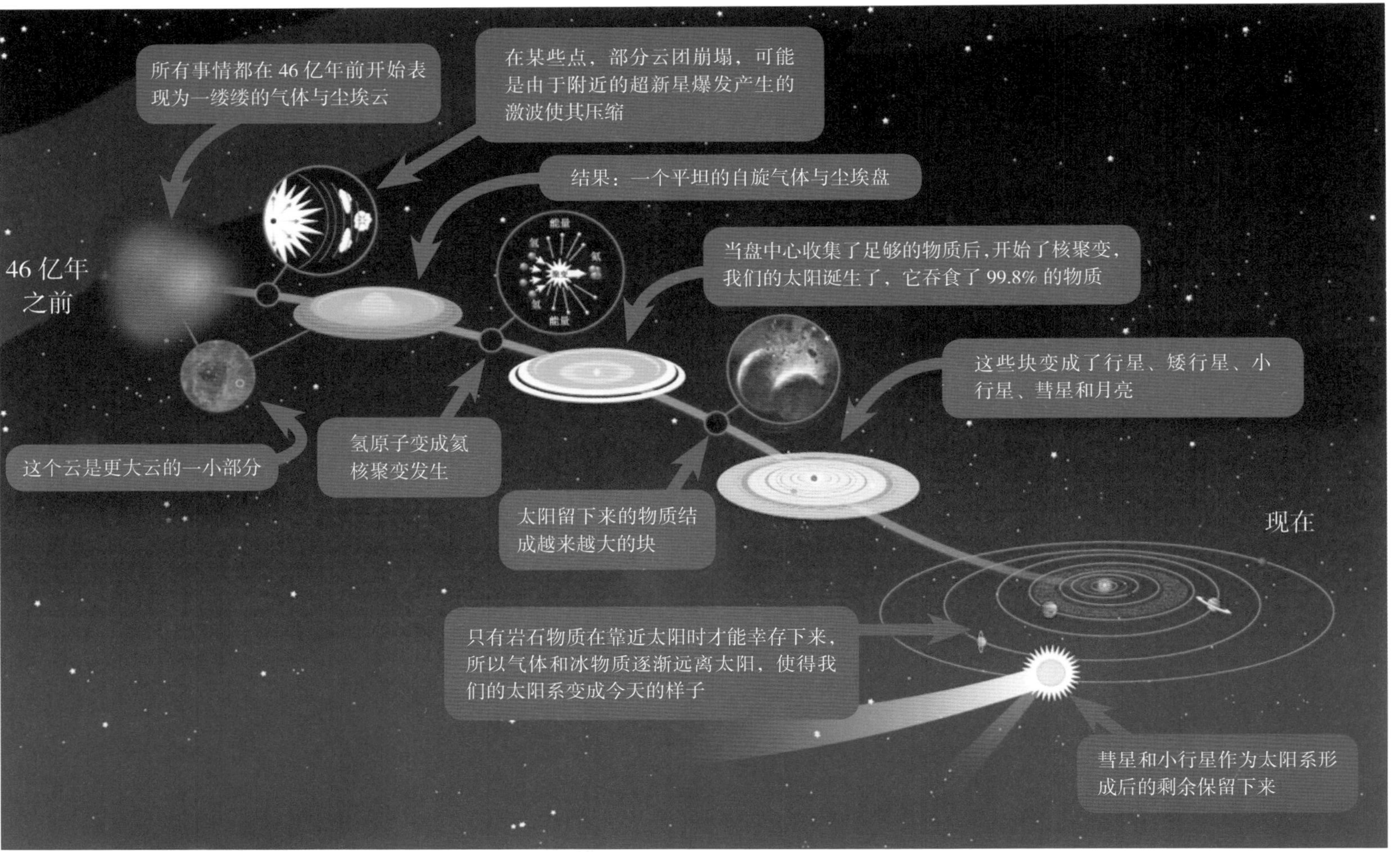
所有事情都在46亿年前开始表现为一缕缕的气体与尘埃云
在某些点，部分云团崩塌，可能是由于附近的超新星爆发产生的激波使其压缩
结果：一个平坦的自旋气体与尘埃盘
当盘中心收集了足够的物质后，开始了核聚变，我们的太阳诞生了，它吞食了99.8%的物质
46亿年之前
这些块变成了行星、矮行星、小行星、彗星和月亮
这个云是更大云的一小部分
氢原子变成氦核聚变发生
太阳留下来的物质结成越来越大的块
现在
只有岩石物质在靠近太阳时才能幸存下来，所以气体和冰物质逐渐远离太阳，使得我们的太阳系变成今天的样子
彗星和小行星作为太阳系形成后的剩余保留下来

▲ 太阳系起源与演化过程

▶ 彗星撞击对地球的影响

前面我们已经分析，彗星撞击在地球的演化过程中扮演了重要的角色，主要是在数十亿年前的早期历史中。一些人认为彗星给地球带来了水和各种各样的有机分子。

但是在另一方面，彗星的撞击将给地球带来巨大的灾难。关于天地大碰撞问题，人们通常比较关心近地小行星撞击地球，这是必要的，毕竟近地小行星的数量多，轨道变化莫测，但彗星撞击地球也同样需要人们关注。

彗星撞击可能比小行星撞击更具毁灭性。近地小行星有类似地球的轨道，所以它们与地球的碰撞往往是来自后方或从侧面的撞击。但是，彗星通常以更随机的方式绕着太阳转，因此可以迎头撞击地球，可能带来更大灾难性的后果。

事实上，在撞击发生时，彗星相对于地球的速度是小行星的 3 倍。碰撞释放出的能量与入射物体速度的平方成正比，因此一颗彗星的破坏力是同一质量小行星的 9 倍。

还有一个因素也需要我们考虑。由于彗星的轨道是扁平的（更扁的椭圆），只有当彗星接近近日点时才能被观测到，因此，即使发现了某颗彗星有撞击地球的危险性，给人类准备的时间也比较短。

关于彗星撞击地球的另一个话题是：地球上的水是彗星带来的吗？

对这个问题的争论很大。在人类没有对彗星进行直接探测之前，很多科学家支持水是由彗星带到地球的观点。但通过对几颗彗星的直接探测，发现彗星上的水与人们之前想象的不一样。一是彗星含水量并不高，二是一些彗星比地球上含有更多的重水，即由氢的同位素氘或氚与氧结合产生的水。由此认为地球上的水主要不是由彗星，而是小行星带来的。

▲ 彗星撞击地球示意图

但对这个结论也有不同

意见，一些学者认为，来自开伯带的彗星，所含的水与地球上的水成分相同，这些彗星可能是地球上的水的来源之一。

近些年，一些科学家开始关注主带彗星，认为这类彗星可能是地球水的重要来源。

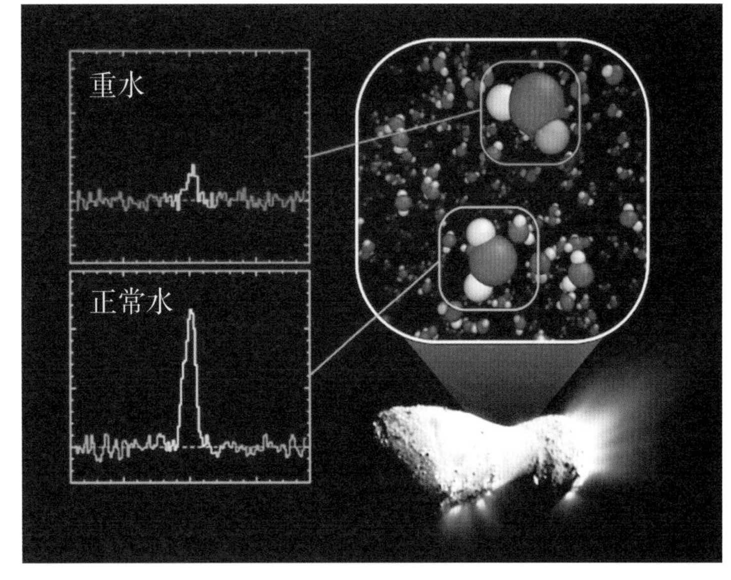

▲ 哈特利 2 号彗星上水的构成

赫歇尔空间天文台的测量结果显示，来自开伯带的哈特利 2 号彗星具有与地球海洋中水相同的化学特征。这些发现可能有助于解释地球表面是如何被水覆盖的。

这张 NASA 的 EPOXI 任务图像显示了哈特利 2 号彗星的彗核，它与“正常”和“重”水的覆盖光谱相结合，这是在欧洲赫歇尔空间天文台的远红外仪器上观察到的。

▲ 哈特利 2 号彗星，有观点认为彗星把水带到地球

彗星与流星雨

▶ 什么是流星雨

流星雨是在夜空中有许多的流星从天空中一个所谓的辐射点发射出来的天文现象。这些流星是宇宙中被称为流星体的碎片，在平行的轨道上运行时以极高速度投射进入地球大气层的流束。大部分的流星体都比沙砾还要小，因此几乎所有的流星体都会在大气层内被烧毁，不会击中地球的表面；能够撞击到地球表面的碎片称为陨石。数量特别庞大或表现不寻常的流星雨会被称为流星暴，每小时出现的流星可能会超过 1000 颗以上。

因为流星雨的粒子在天空中运行的路径是平行的，而且速度也是相同的，因此在观测者的眼中它们似乎都是由天空中一个相同的点辐射出来的，这个点就称为流星的辐射点。辐射点的产生类似于路径上的铁轨在地平线上消逝点前会聚合在一起，是一种图形上透视的效果。流星雨也总是以辐射点所在的星座来命名，这个点在天空中并不是固定不动的点，会在夜晚的天球上逐渐移动，由于地球也绕着轴自转，天上的星星一样也会逐渐地移动（每日的东升西没）。辐射点也会因为地球绕太阳的公转，在背景的星星之间每日产生些微的移动（辐射点漂移）。

世界上最早关于流星雨的记载是中国关于天琴座流星雨的记载，《左传》云，鲁庄公七年（前 687 年）“夏四月辛卯夜，恒星不见，夜中星陨如雨”。更早的古书《竹书纪年》中写道:“夏帝癸（桀）十五年，夜中星陨如雨。”

著名的流星雨有英仙座和狮子座流星雨。

在绝大部分的年份中，一年中最主要的流星雨是英仙座流星雨，它的高峰期出现在每年的 8 月 12 日，每分钟至少会出现一颗流星。

最壮观的流星雨应该是狮子座流星雨，被称为流星雨之王，它的高峰期大约在 11 月 17 日，而大约间隔 33 年才会出现高峰期每小时有数千颗流星的流星暴。上次的狮子座流星暴出现在 1999、2001 和 2002 年。在这之前曾经在

▲ 英仙座流星雨峰

▲ 2017 年的狮子座流星雨

1767、1799、1833、1866、1867 和 1966 年出现过。在狮子座流星暴未出现的年度中，狮子座流星雨的活动远低于英仙座流星雨。

从光学时间曝光的图像显示，它与地球自转形成的恒星的弯曲轨迹形成了鲜明的对比。

从太空的位置来看，彗星在穿越宇宙时留下微小岩石和冰块，地球围绕着

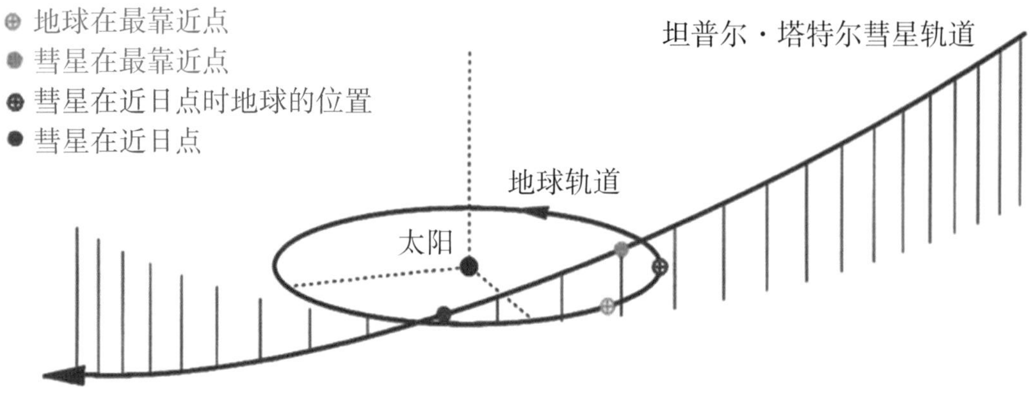

▲ 地球穿越坦普尔・塔特尔彗星的轨道

太阳旋转，当地球经过这些碎片的时候，碎片与地球大气层摩擦，当它们燃烧起来的时候，就在夜空中创造出壮观的自然焰火，形成流星雨。

▶ 研究流星雨的意义

观测和研究流星雨对研究太阳系天体的运动（如彗星、小行星与流星的相关性），对研究地球高空大气物理性质，避免人造卫星、宇宙飞船等航天器受到流星群体的撞击等，都有重要的科学意义。

虽然，流星雨的质量都很小（一般小于 1 毫米），在进入大气层后大部分被烧掉，对生活在地面上的人不会造成直接危害，不会影响人们的日常生活，但是，因速度极高，流星雨对太空中的航天飞行器的安全构成威胁，同时对地球大气高层的电离层和其他物理状态也会产生影响。大批流星体尘埃散入地球大气，提供了额外的水汽凝结中心，会使云层和雨量增大。

流星雨的观测研究，对于近地空间环境监测、航天灾害性事件预防、电离层通信安全以及深入了解太阳系天体相互关系和起源、演化，都具有巨大的实用价值和理论价值。 探索流星雨之谜，只靠专家的理论研究是不够的，要靠全球专业的、业余的观测网联手观测。

知识总结

写一写你的收获

第 4 章

彗星探测

为了进一步了解彗星，我们需要通过多种途径去探索彗星。那么，你知道现在的我们都通过什么样的方法去探测彗星，以及我们在探索彗星的同时有什么惊人的发现吗？

“乔托号”探测器

▶ 科学目标

“乔托号”(Giotto)是一艘欧洲空间局发射的彗星探测器，主要任务是在1986年哈雷彗星接近近日点时对它进行观测研究。包括获得彗星核的第一个特写图像，确定元素和同位素组成，研究彗星大气层，测量彗星尘埃粒子，研究彗星与太阳风带电粒子之间的相互作用。

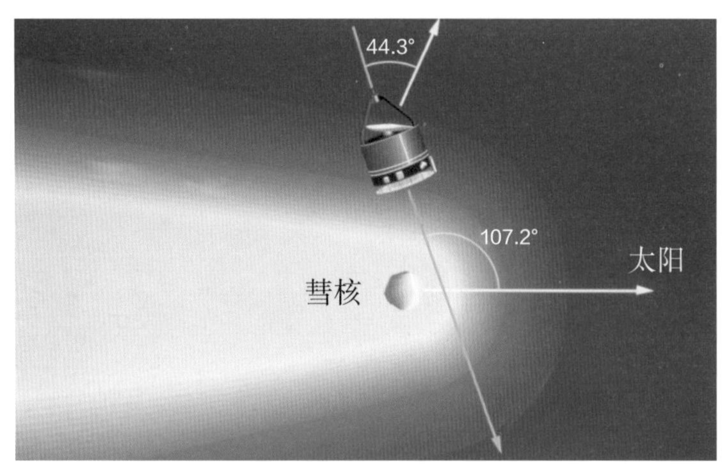

▲ “乔托号”飞越哈雷彗星情况

▶ 成果

“乔托号”探测器在1986年3月14日成功以600千米的距离通过彗核附近，并在小型彗星粒子的撞击中幸存下来。其中一次撞击让“乔托号”探测器的转动轴发生偏移，所以它的天线无法指向地球，并毁坏了部分仪器。在32分钟的调整后，“乔托号”探测器才继续收集有关哈雷彗星的资料。

科学家从“乔托号”探测器拍摄的照片得知，哈雷彗星的彗核形状类似花生，长15千米，宽7~10千米。彗核只有10%的表面有地质活动，且在面向阳光的那一面至少有3个喷射孔位。经过分析后得知哈雷彗星约在15亿年前形成，所以挥发性的物质（主要是冰）已经凝结成星际彗星粒子。

经过“乔托号”探测器的探测，得知哈雷彗星喷射出的物质中有80%是

▲ “乔托号”探测器拍摄的哈雷彗星的核

水，10% 是一氧化碳，2.5% 是甲烷与氨的混合物，其他则是烃、铁及钠。每秒从哈雷彗星喷射出的物质大约有 3 吨，分别从 7 个喷射孔喷发出来，并导致彗星在运行时会晃动。

“乔托号”探测器也发现哈雷彗星的彗核比煤炭还黑，表示它被一层厚实的尘埃所覆盖。彗核的表面相当粗糙且多孔，整体的密度约 0.3 克 / 厘米 ^{3}。

由哈雷彗星喷射出的物质大约只有香烟烟雾粒子般大，质量从 10^{-20} 千克到 40×10^{-4} 千克不等。

“星尘号”探测器

▶ 到彗核附近取样

“星尘号”是美国发射的一颗彗星探测器，主要目的是飞到怀尔德 2 号彗星附近，收集尘埃颗粒，并将这些样品带回地球，在地球的实验室里进行深入的分析。“星尘号”探测器于 1999 年 2 月 9 日由 NASA 发射升空，经过 46 亿千米的旅行，2006 年 1 月 15 日返回舱成功在地球着陆。

“星尘号”探测器在飞越彗星时从彗星彗发收集到彗星尘埃样品，拍摄了详细的冰质彗核图片。2006 年 1 月 15 日凌晨，“星尘号”探测器返回舱在美国犹他州大盐湖沙漠着陆。 返回舱的速度达到 12.9 千米 / 秒，是进入大气层最快的人造飞行器。犹他州西部和内华达州东部可以观测到巨大的火球和音爆。这是首次收集彗星尘埃取样返回任务，带采样返回地球。

在选择探测目标时，科学家也是经过一番思考的。当提到彗星时，很自然

▲ “星尘号”探测器

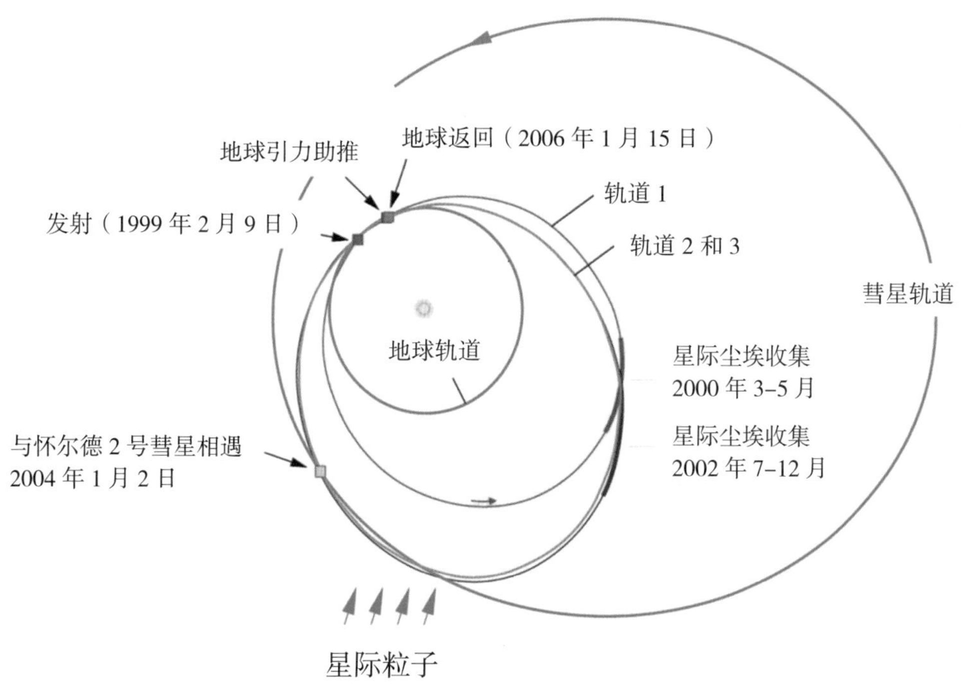

▲ “星尘号”探测器的轨道

地会想起哈雷彗星，因为它是如此的著名，而且定期造访地球时很容易看到。还有许多其他的彗星，它们是我们太阳系的新访客。其中一个是怀尔德 2 号彗星，直到 1974 年，木星的引力改变了它的轨道，才有了接近地球的距离。现在它更靠近太阳，在木星和地球之间。当“星尘号”遇到它的时候，怀尔德 2 号彗星只绕太阳飞行 5 次。它仍然有大部分的尘埃和气体，而且是相对原始的状态。这一点很重要，因为彗星是由太阳系形成后的太阳星云遗留下来的物质组成的。与行星不同的是，自太阳系形成以来，大多数彗星并没有发生太大的变化。因此，彗星可能是理解太阳系早期发展的关键。怀尔德 2 号彗星应该包含许多这种古老的物质，使它成为研究的理想选择。与此相反，哈雷彗星已经飞越了太阳 100 次，已经改变了它的原始状态。

▶ 奇特的取样方法

“星尘号”任务的主要目标是捕获彗星样本和星际尘埃。要完成这一任务，主要的挑战包括：通过最少的加热或其他可能导致物理变化的影响，使粒子从

▲ 怀尔德 2 号彗星的核

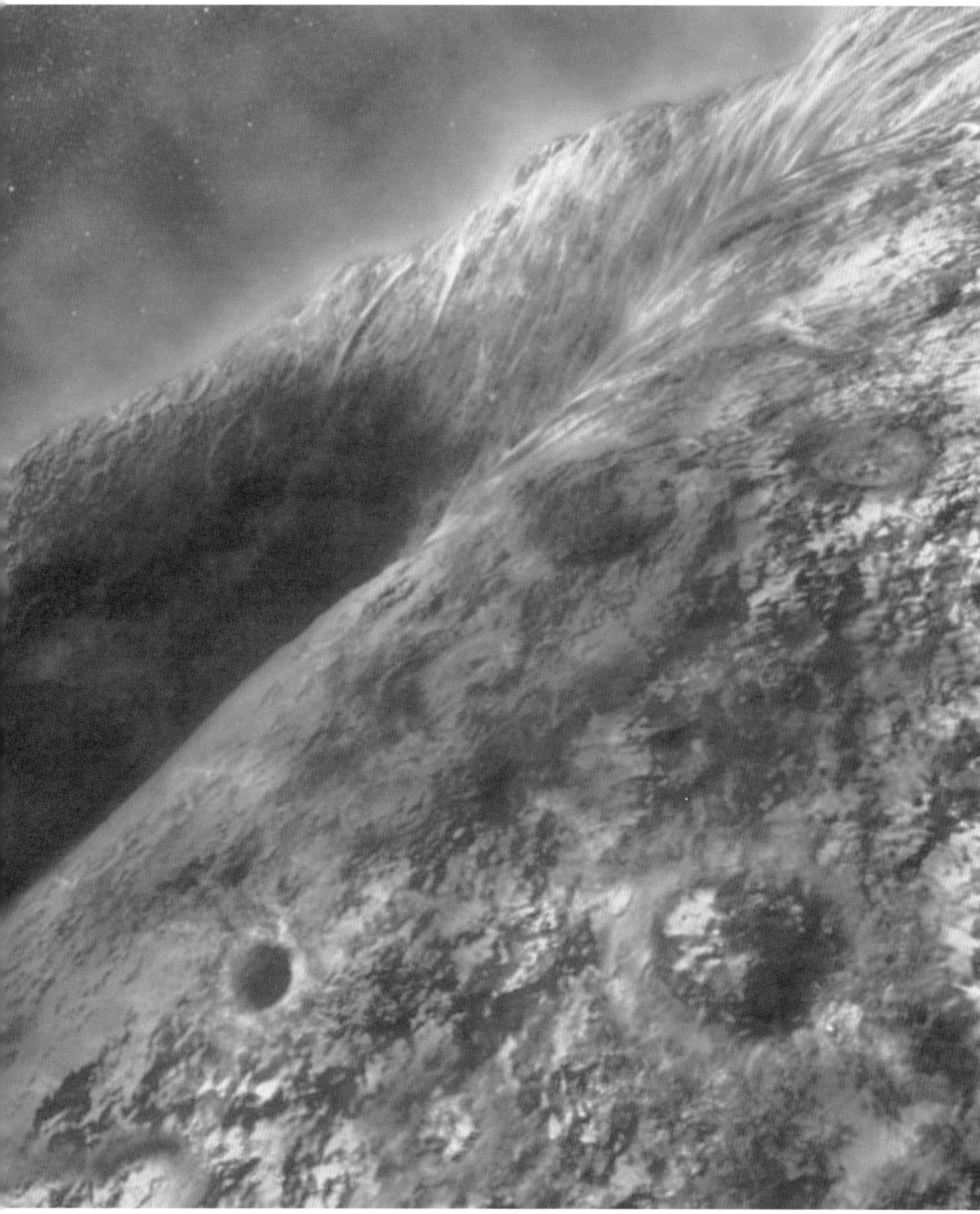

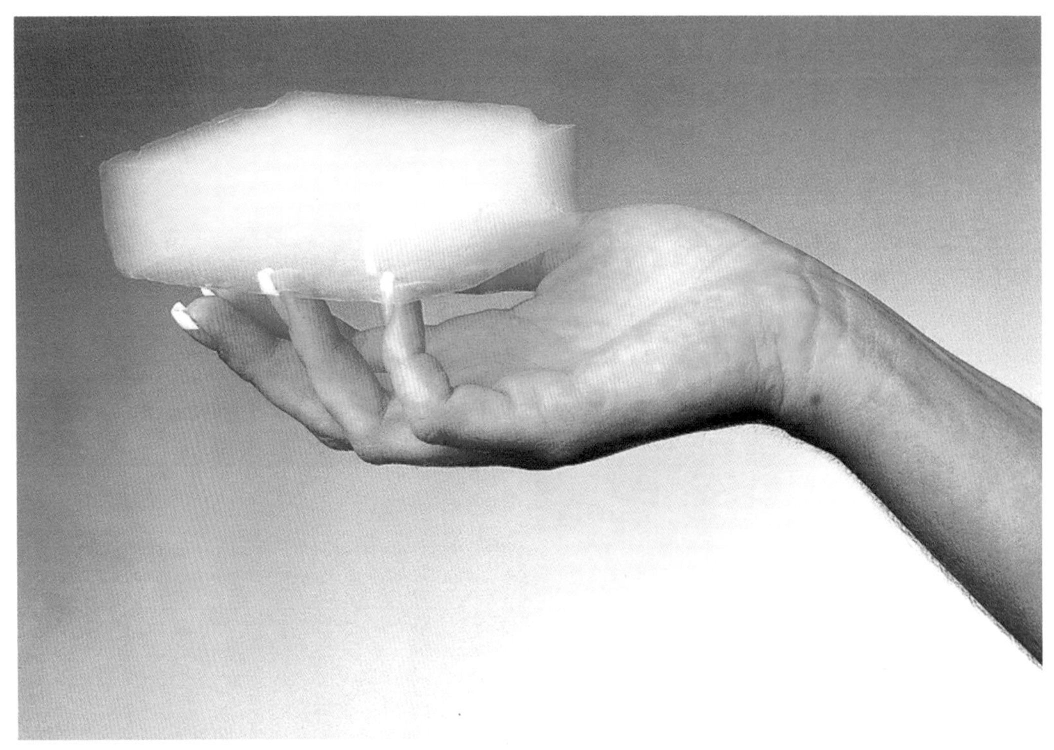

▲ 气凝胶

高速运动中减慢下来。当“星尘号”探测器遇到彗星时，粒子的冲击速度将达到步枪子弹速度的 6 倍。尽管捕获的粒子将会比一粒沙子还小，但高速捕获可以改变它们的形状和化学成分，甚至完全蒸发掉它们。

为了收集粒子而不破坏它们，“星尘号”使用一种叫作气凝胶的特殊物质。这是一个硅基固体，有一个多孔的海绵状结构，其中 99.8% 的体积是空的。相比之下，气凝胶的密度只有玻璃的 1/1000。当一个粒子击中气凝胶时，它会把自己埋在材料里，形成一个胡萝卜形状的轨迹，达到它自身长度的 200 倍。这减慢了它的速度，并

▲ 用气凝胶制作的尘埃收集器

将样本带到了一个相对逐渐停止的地方。由于气凝胶大多是透明的，有一种独特的烟熏蓝色，科学家们将利用这些轨道来寻找这些微小的粒子。

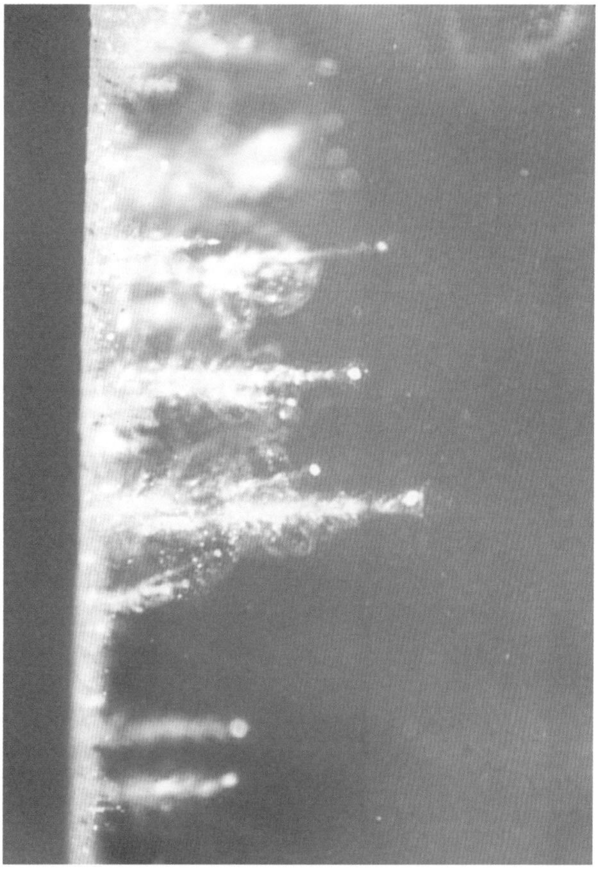

气凝胶不像传统的泡沫材料，而是一种特殊的多孔材料，在微米尺度上具有极高的微孔性。它由单个的特征组成，只有几纳米大小。它们是在一个高度多孔的树枝状结构中连接起来的。这种奇异的物质具有许多不同寻常的特性，如低导热率、折射率和声速。此外，它还具有捕捉快速移动尘埃的特殊能力。

▲ 气凝胶中的粒子轨迹

▶ 惊人的科学成果

样品容器被带到一个干净的房间，其清洁系数是医院手术室的 100 倍，以确保星际和彗星尘埃没有被污染。据初步估计，在气凝胶收集器中有至少 100 万个微小的尘埃。10 个粒子被发现至少有 100 微米（0.1 毫米），最大的大约是 1000 微米（1 毫米）。

2006 年 12 月，《科学》杂志发表了 7 篇论文，讨论了样本分析的初步细节。这些发现包括：广泛的有机化合物，包括两种含有生物可利用的氮的化合物；具有较长链长度的本土脂肪族碳氢化合物，其长度比分散的星际介质中所观察到的要长；丰富的非晶硅酸盐，如橄榄石和辉石，证明与太阳系和星际物质的混合是一致的；无水硅酸盐和碳酸盐矿物被发现不存在，这表明缺乏对彗

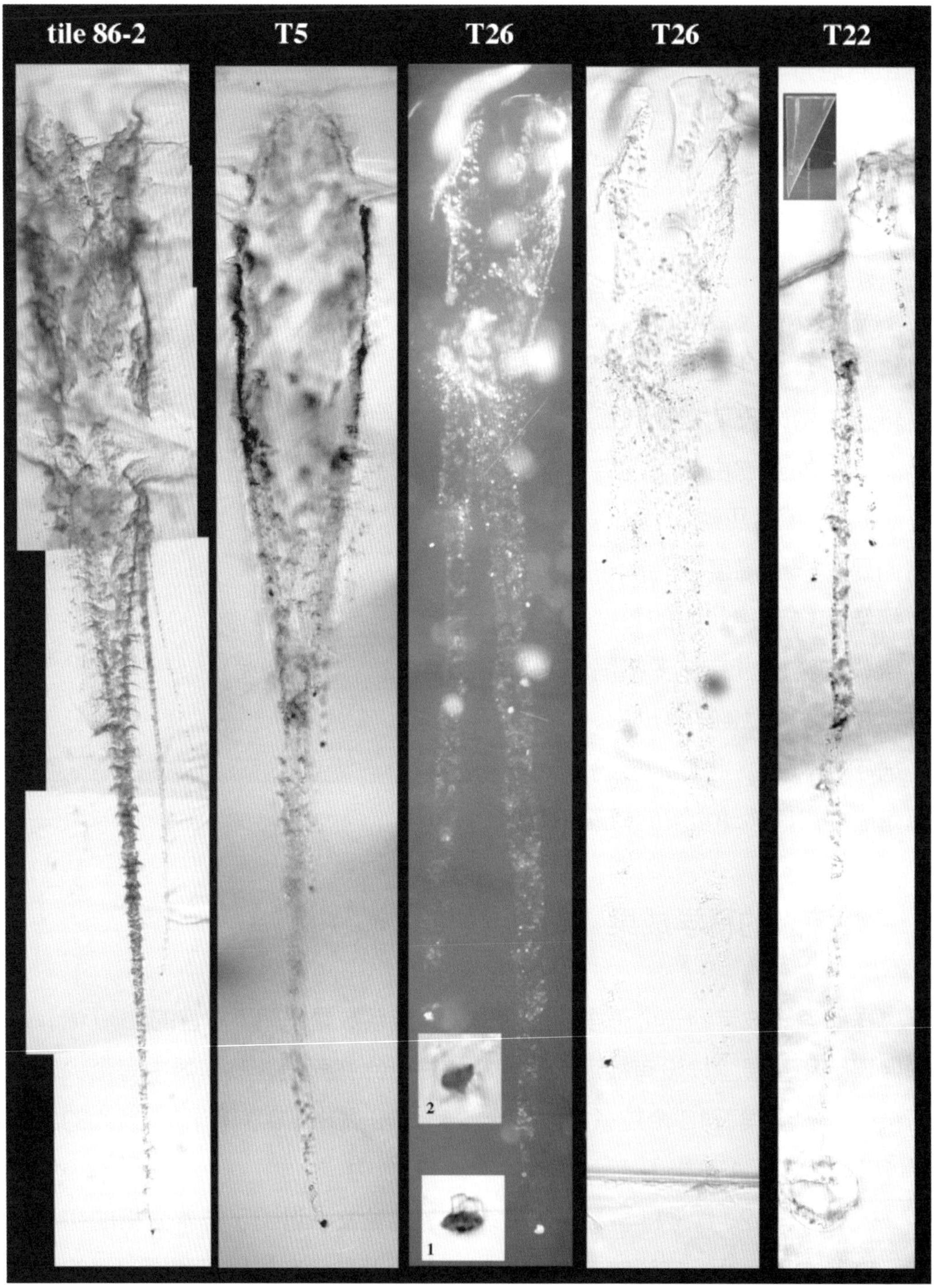

tile 86-2　T5　T26　T26　T22

▲ 气凝胶中的粒子轨迹

星尘埃的水处理；在返回的样本中也发现了有限的纯碳（CHON）；在气凝胶中发现了甲胺和乙胺，但与特定的颗粒没有关联。

在返回样品中的发现是非凡的！与前几代恒星形成的岩石物质不同，此次带回的彗星岩石物质是在高温条件下形成的。

彗星冰形成于海王星之外的寒冷地区，但岩石可能是任何彗星质量的大部分，在更接近太阳的足够热的地区形成的。从怀尔德 2 号彗星上收集的材料确实含有太阳形成前的“星尘”颗粒，这些颗粒是根据它们不同寻常的同位素组成而确定的，但是这些颗粒非常罕见。

星尘也有各种各样的惊喜。其中最出人意料的是 2009 年由戈达德太空飞行中心的一组科学家发现的氨基酸甘氨酸。虽然也许并不完全出乎意料，彗星会含有氨基酸，但出乎意料的是，这种分子可以在以如此高的速度收集的微小粒子中被探测到。开发方法使探测成为可能，并结合使用同位素组成来证明甘氨酸不是来自我们地球的污染物，这是一个技术上的胜利。

在飞行过程中发现的最大的惊喜是彗星图像（拍摄了 72 张照片）。由喷气推进实验室的资深彗星专家领导的摄影团队曾预计，这颗彗星将会是一个相当平淡无奇的物体，看起来像个黑土豆。通过照片，我们看到的是千米大小的深洞，它们的边界是垂直的，甚至是悬垂的悬崖；平坦的山顶被悬崖环绕；尖尖

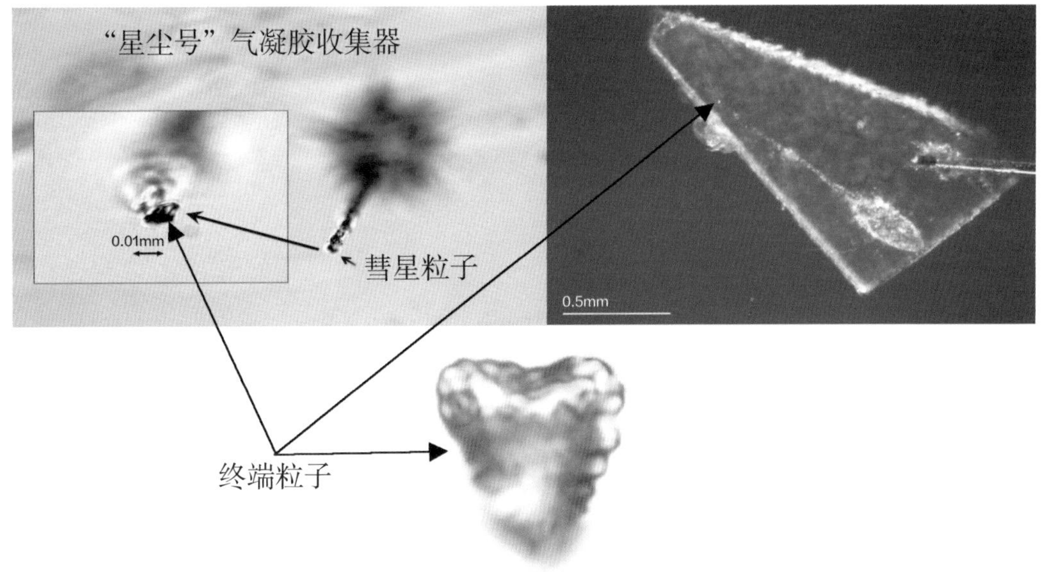

▲ 心脏形的彗星粒子

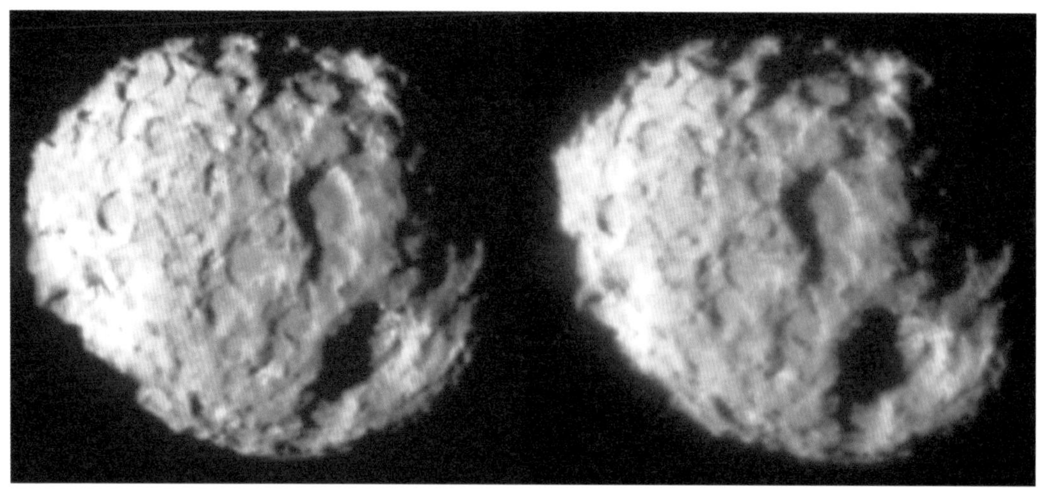

▲ 彗核的立体成像对

的尖峰石阵高达数百米，指向天空。在图片中没有看到陨石坑，陨石坑在月球、火星和几乎所有暴露在太空的星球表面上都有。陨石坑的缺乏表明地表是新的，旧的坑洞已经消失了。令人震惊的是，怀尔德 2 号彗星的表面与其他被宇宙飞船拍摄的小行星和彗星的表面非常不同。它更粗糙，更引人注目，而且显然不是我们所预期的平淡无奇的身体。

深度撞击

▶ 为什么选择撞击方式

“深度撞击号”（Deep Impact）是 NASA 发射的彗星探测器，设计用于研究坦普尔 1 号彗星核心的成分。探测器于 2005 年 1 月 12 日发射，同年 7 月 3 日释放撞击器，并于 2005 年 7 月 4 日 5 时 44 分（UTC 时间）成功撞击坦普尔 1 号彗星的彗核，地球在 8 分钟后接收到撞击信号。

此前针对彗星的太空任务，如“乔托号”探测器和“星尘号”探测器都是飞掠任务，仅仅进行拍摄和远距离彗核探测。“深度撞击号”是第一个激起彗星表面物质的探测任务，引发了公众媒体、科学家和业余天文爱好者的广泛关注。

“深度撞击号”任务旨在帮助解答关于彗星的基本问题，诸如彗核的成分、撞击造成的撞击坑深度、彗星的形成位置等。通过对撞击及其余波的观测，天文学家希望确定彗星内核与外层的差异，以探究彗星的形成过程。

在“深度撞击号”探测器到达目标彗星之前，NASA 在其网页上公布了一名科学家回答观众的问题，这个问答形式对深度撞击的意义和运行方式给出概括说明。

问：我们希望从这次任务中学到什么？

答：我们有三个主要的科学目标。首先，彗星是太阳系中最古老和最冷的物质，所以我们用彗星来回顾时间，并确定太阳系最初是由什么组成的。其次，有一种理论认为，彗星给地球带来了水和有机物质，后来进化成了生命。所以我们对确定彗星中含碳化合物的性质非常感兴趣。最后，我们从彗星中学到的东西将帮助我们理解，如果彗星——不是坦普尔 1 号，而是另一颗彗星——未来的彗星将会与地球发生碰撞，我们应该如何采取行动。

问：从技术的角度来看，哪些技术使这个任务成为可能？

答：首先，我们有一对航天器，我们把它送入太空，向坦普尔 1 号彗星发射。它们一起旅行了 6 个月，但是当我们在 7 月 4 日接近坦普尔 1 号的时候，撞击者将会与飞越宇宙飞船分离，撞击者将撞向彗星。它将携带一个照

▲ 深度撞击示意图

相机对彗星进行拍照。现在，撞击飞船本身就是一艘宇宙飞船，它携带燃料，它有电脑，它有一个天线，它将把图像传送到飞越宇宙飞船上，然后通过深空网络将数据传回地球。最后，在撞击飞船上有 100 千克的铜，这使我们能够打开一个大的陨石坑。

问：当你提到铜的时候，我有个问题要问你。为什么不把一个爆炸装置发射到那里？

答：首先，使用铜要简单得多，成本要低得多。利用飞船的质量和运动来产生撞击和爆炸是一个技术优势。其次，我们选择铜是因为它不是很活泼，它不会和彗星本身发生反应。

问：深度撞击发生的具体时间是什么时候？

答：我们的预计日期是 2005 年 7 月 4 日。我们将在 6 点左右（环球时间）到达彗星。

问：业余天文学家是否能够以某种方式参与？

答：当然。我们有两个为业余爱好者和观察员提供的小型望远镜的项目。我们鼓励业余天文学家走出去观察彗星。我们也鼓励你加入业余天文学家和天文俱乐部，因为那里的人有丰富的经验。

问：为什么你选择了坦普尔 1 号彗星作为深度撞击任务的目标？

答：好吧，坦普尔 1 号彗星在正确的时间出现在正确的地方。这是一颗短周期彗星，它靠近地球，这样我们就可以用地面望远镜从地球上看到它。但它不太近，所以你不用担心。它也有彗星活动，但不会有太多的彗星活动，所以当我们接近它的时候，我们就能看到气体和尘埃，看到彗星的表面。另外，它旋转得很慢，所以当我们击中它的时候，我们就能观察到撞击的位置，在我们进行后续观测之前它不会旋转。所以它有正确的属性，它在正确的时间出现在正确的地方。

问：撞击者在坦普尔 1 号上造成的陨石坑有多深？

答：这是一个科学实验，我们实际上并不知道。陨石坑的深度取决于彗星的结构，这是我们希望从对陨石坑的深度的测量中了解到的东西之一。尽管如此，我们还是有一些期望的。我们认为它的宽度大约在 100 到 200 米之间，大约相当于一个足球场那么大。

问：我们将会了解到彗星的机械特性，比如强度、阻尼等？

答：当我们撞到彗星时，我们会观察从彗星发出的碎片会发生什么。例如，如果彗星是非常多孔的，就像玉米淀粉一样，撞击的大部分能量可能会被吸收，不会有太多的碎片从火山口喷射出来。因此，我们将观察到底有多少碎片被喷射出来。如果它的密度更大，但仍然很弱，不是很坚固，那么碎片就会飞得很远。再一次，我们将观察留下陨石坑的残骸的形状。第三种情况是，也许彗星内部是黏在一起的。如果是这样的话，那么我们预测撞击器将发生剧烈的爆炸，就像用微波炉加热南瓜发生爆炸一样。

▶ 撞击过程

中央电视台新闻频道对这次撞击活动进行了现场直播。下面是央视直播人类探测器首次撞击彗星全文。

主持人：欢迎收看中央电视台“深度撞击号”探测器撞击彗星的特别报道，今天来参加我们节目的是北京大学地球与空间科学学院焦维新教授，还有我们同声传译的译员曾志宏。

主持人：焦教授，您给我们介绍一下，从今年 1 月美国发射这个探测器以来，整个的过程是什么样的？

▲ 解说专家：北京大学地球与空间科学学院焦维新教授

焦维新：“深度撞击号”探测器是 2005 年 1 月 12 日发射的，在计划撞击的前 8 天，即 6 月 26 日开始对目标彗星连续拍照。到 6 月 29 日，光学导航成像增加到每 9 分钟一次。7 月 2 日进行了轨道校正和撞击器电池激活。昨天下午，它执行了第一个重要的操作，把撞击器从母船上分离出去，这个动作是很成功的，有两个图像，一个是母船拍摄到的撞击器的图像，另一

个是撞击器对彗星拍摄的图像，我们看到画面上已经有了，这两张图片说明，撞击器工作是正常的。

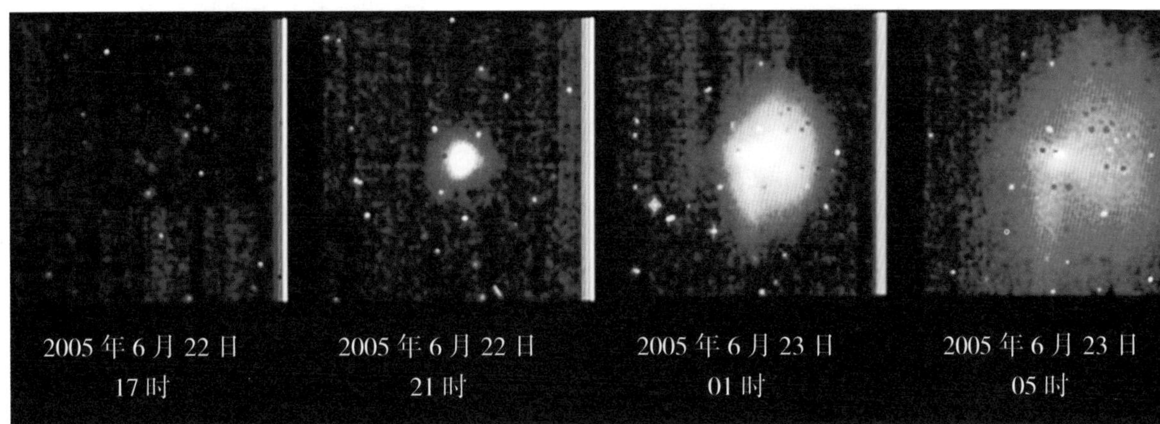

▲ 2005 年 6 月 22 日至 23 日拍摄的彗核图像

主持人：预计会在 13:52 进行撞击。我们看一下大屏幕，这个是撞击过程，您给我们说明一下。

焦维新：距离撞击两个小时之前，自动导航系统就开始工作了，不断地修改自己的轨道，保证能够准确地撞击到彗核上。为了准确地撞击到彗核，撞击器有三次轨道调整，第一次是在撞击之前 90 分钟，第二次是在撞击之前 35 分钟，还有一次是撞击之前 12.5 分钟。

主持人：现在我们看到大屏幕上有最新的图片，请同传来解释一下。

同传：我现在还不清楚照片上画的什么，我们再离近看一看。

焦维新：这个是彗核的图片。这个彗核是不规则的图形，拉长的图形。但不知道这张图片是撞击器本身拍摄的，还是母船拍摄的，撞击器本身有拍摄的功能。

同传：我们现在从图片看到彗星有关的结构，不断地移近。

主持人：我们现在看到的是中心的控制室，应该是所有的图片都会传回到控制室里面。

主持人：从画面上看大家都胸有成竹。我想整个撞击计划耗时半年的时间，为什么有很多的星体不选择，而选择了彗星，您给我们解释一下。

焦维新：因为人类深空探测的目的可以概括为四个方面，第一个是了解行

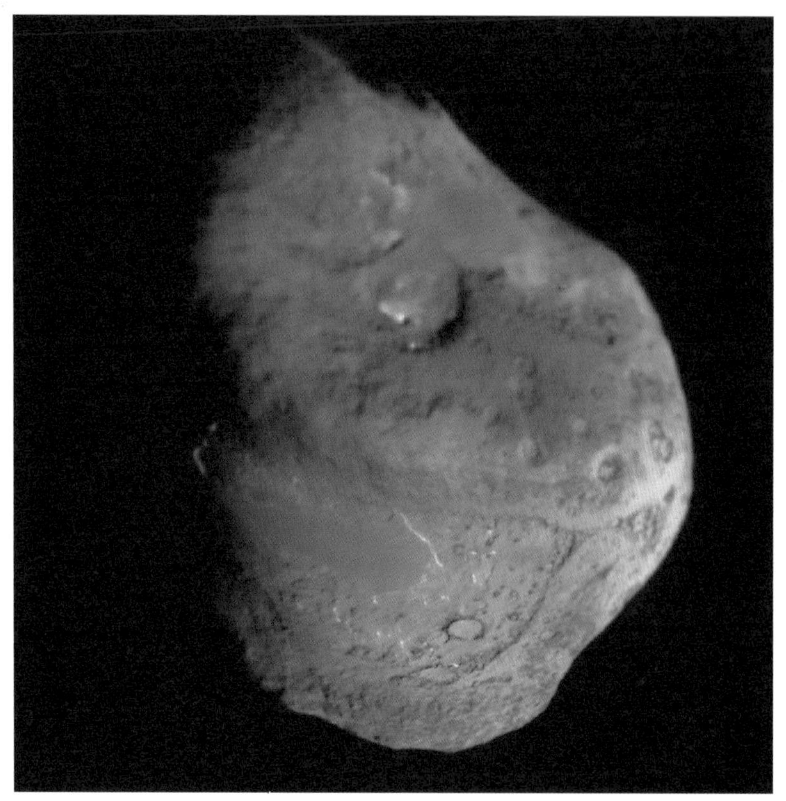

▲ 坦普尔 1 号彗星彗核的形状

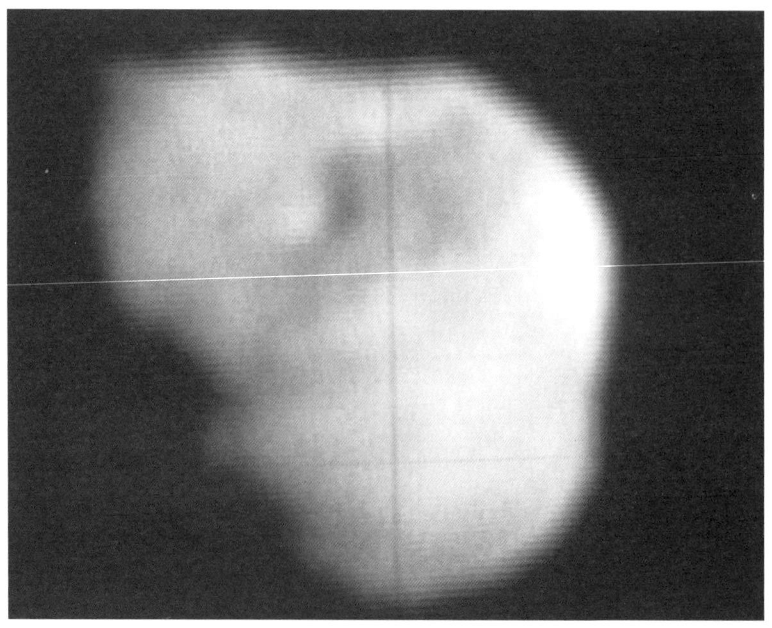

▲ 撞击发生前 60 秒撞击器拍摄的彗核

星和小天体的起源和演变；第二个是了解生命的起源和演变，以及在地球之外有没有生命；第三个是我们要了解一下对地球有危险的小天体的分布；第四个是为了进行比较行星学研究，对火星、金星和小天体的现状和演变进行对比研究。探测彗星跟这四个目的都是相关的，彗星别看小，但它是太阳系的老寿星，保存了一些太阳系起源时的原始物质，我们通过对彗星的探测，可以了解太阳系起源时是什么状态。

主持人：我们的记者曾经采访过一些相关的天文学家，他们解释说“深度撞击”也是要探寻太阳系的起源。

焦维新：对，因为彗星带有很多挥发性物质，当彗星靠近太阳飞行时，把挥发性的物质带到地球和其他行星。另外彗星本身有很多的有机物，也有可能给地球生命的起源带来了很多有机分子，所以跟生命的起源演化也有关系。另外一些彗星和小天体跟地球的轨道比较接近，存在着撞击地球的危险性，当然并不是说这个彗星，没有撞击危险性，有些彗星还是有撞击地球的可能性的，所以我们从这个角度来看，要探测和研究彗星。

主持人：我们通过片子了解了坦普尔 1 号彗星，从另外一个角度来讲，飞越探测器和撞击器本身有没有特别的情况可以跟我们做一些解读?

焦维新：飞越探测器的任务有 3 项，一是将撞击器携带到彗星附近，二是观测撞击情况，三是将获得的观测数据传回地球。为完成这些任务，探测器携带了高分辨率和中分辨率成像仪器，还有导航与通信设施，包括一个直径 1 米、工作在 X 波段的抛物面天线。

主持人：看一下我们同传是否有最新的消息。

同传：大家可以看到基本的图片，现在我们看到这幅图片是高分辨率的图片，大家可以看到撞击器的目标位于图片的中下部分，飞越器从彗星下方掠过，给大家提醒一下，我们还有 10 分钟就要看到撞击了。

主持人：我们继续刚刚的话题。

焦维新：飞越器要偏离一定的角度，如果不偏离它也会跟探测器一起撞击了，它要改变方向，然后在一定的距离内观测，就是说最后一次轨道调整已经结束了，在 13:39，最后一次轨道调整结束了。

主持人：就是在北京时间 13:52，8 分钟以后。撞击器本身的重量大概是多大？

焦维新：是这样的，撞击器本身总的重量是 372 千克，这里面有 8 千克的燃料，用于调整飞行方向。在飞行过程中，一方面观察彗星的轨道，同时要跟踪一个恒星，把恒星的位置跟彗星进行对比，来计算我现在的方向是否正好撞击到了彗核上，如果有点偏差的话，直接进行调整，这个调整要靠 8 千克的推进剂。

主持人：撞击器携带了哪些仪器？

焦维新：撞击器有一个名为"撞击目标传感器（ITS）"的装置，它和中分辨率相机光学部分相似。该仪器有双重作用：检测撞击器的轨道和近距离拍摄彗星。从释放到撞击的这段时间内，撞击器共需调整 4 次轨道。当撞击器接近彗星表面时，相机会拍摄彗核的高分辨率照片（高达 0.2 米 / 像素）并实时传送到飞越探测器，直至撞击器撞毁。

主持人：飞船在释放出这个撞击器之后，它和彗星之间有多少距离来进行细致的观察和拍摄？

焦维新：这个飞越探测器和撞击器有一定的角度，大概距离彗核 700 多千米，在这个位置上对彗核进行拍照，再往前飞行，过程中相当于实况转播一样，把数据随时传过来。当它到达一定的距离内，虽然它能够看彗星比较清楚了，但是也进入了危险区，彗星不断向外喷射出尘埃，可能会对航天器的安全造成威胁，所以进入屏蔽状态，不能再进行拍照了，但是可以把原来接收到的撞击器的数据发射到地球，再往前飞行。距离彗核最近是 500 千米的距离，距离不断地加大，700 千米以后，脱离了危险区域，把相机掉转一个方向再拍摄。

主持人：同时撞击器本身也要发回图像？

焦维新：对，这些照片有两个作用，一个是把它拍摄的数据传回来。再一个作用是为了自己的自动导航，把拍摄到的恒星和彗星的位置进行对比。越接近彗核，拍摄图像的次数越多，当临近撞击彗核前 12 秒钟，每 0.7 秒就要拍摄一次。

主持人：就是牺牲之前还在工作。

焦维新：这时候它拍摄的图像分辨率非常高，刚开始大屏幕上显示的，有的是 100 米，有的是 70 米，以前的分辨率是足球场那样大，现在的分辨率是足球那样大。

主持人：之前有很多的报道，火星探测用着陆器，为什么这次对彗星采取撞击的方式？

焦维新：现在我们研究彗星最主要的目的是研究太阳系的起源和演变，表面的东西，我们可以通过望远镜进行观测和判断，但是彗核内部的物质，我们人类从来没有观察过，不了解里面究竟是什么样的物质。而这些物质是 40 亿年以前形成的，它保留了太阳系形成初期的物质的雏形，“深度撞击”的方法应当说是看内部结构比较简单的方法。现在有一个叫“罗塞塔”的飞船正在飞往另一颗彗星，几年以后会有一个着陆器降落在彗核上，届时将用钻探的方法来了解彗核的结构。现在的方式是简单易行的，而且是比较可靠的，撞击器撞上去，砸一个大洞，用摄像机看洞里面是什么物质，或者喷发出了什么物质。

主持人：这是一个理想的状态，撞击有一个难度，如果把难度计算进去，您觉得有多大把握？

焦维新：难度还是很大的，当撞击器从母船分离的时候，距离彗核是 88 万 5000 千米，彗核虽然比较大，但从 80 多万千米看，只是一个小点，从远距离进行精确对准的困难还是比较大的。

第二个困难是二者的速度都很大，彗核是每秒 29.9 千米，而撞击器的速度是每秒 20 多千米，飞越飞船的速度比撞击器的速度稍微小一些，有的科学家做了比喻，两个子弹相撞，第三个子弹看热闹，两个子弹相撞是难度比较大的。

还有一个困难是在飞近彗核的时候，发现有挥发性物质，这个以前的望远镜拍摄到了，这次飞船也观测到了，现在我们观测到在短时间内喷射大量的东西，周期是 42 小时，每 42 小时喷发一次，如果仍然保持这样的频率的话，在撞击前 4 小时是最后一次喷发。喷发对它有什么影响呢？大的喷发可能会造成彗核的速度有所改变，我们的速度是根据彗核的速度计算的，如果它发生变化，我们就要重新计算。

主持人：我们看一下同传有没有新的消息？

同传：离撞击不到 10 秒钟。现在越来越近了，可能有一些扬尘，彗星本身有挥发物质出来，图像的清晰程度有所降低。现在飞越探测器面临的环境是

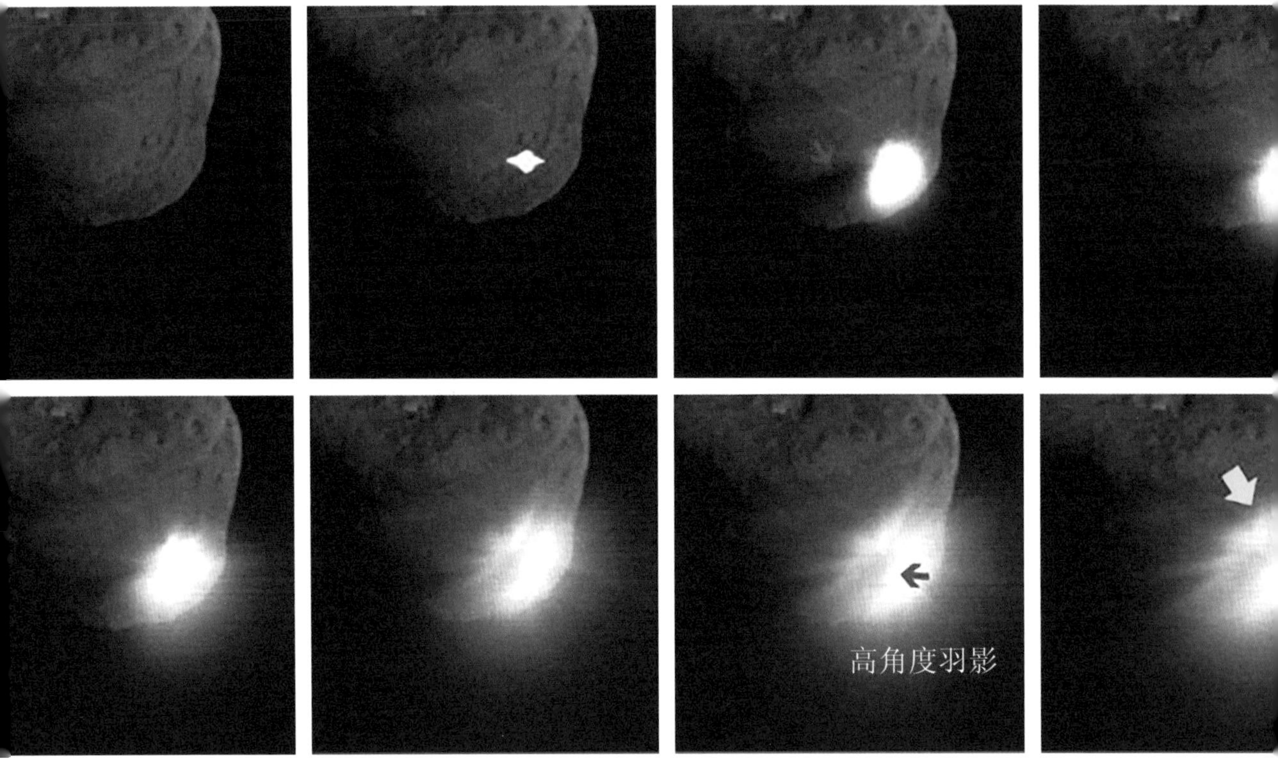

高角度羽影

▲ 撞击后羽烟发展过程

非常恶劣的。我们现在核实这个撞击已经按时进行了。（欢呼）现在地面控制现场是非常的兴奋，刚才看到的景象是非常感人的。真是令人惊叹不已。有关的图片已经传回来了，可以看到现场是非常的热烈，大家可以从图片上面看出来，撞出了一个坑。我们现在看到的有关的图片确实是非常非常壮观的。现在这个图片已经显示撞击是非常精确的，我们将会不断收到照片，13分钟之后，我们会得到其他的照片，以及从飞越器上传回来的有关图片。

▲ 撞击发生 67 秒之后

给大家提醒一下，在半个小时之后，我们还会得到有关的进一步具体和详细的消息。

主持人：我们同传刚才说了非常不错，非常成功，大家看了整个撞击的过程和传回来的画面，也是非常的兴奋。我们是一个外行，怎么样看待成功与否？怎么样看待这个图片和撞击之后的像蘑菇云一样的图片？

焦维新：从这个图片上看是按时撞击的，工程人员欢呼是在 57 分，说明这个撞击比以前预计的提前了，原来预告说 13 : 52 加减 2 分钟，电磁波传到地球 7 分 27 秒，这个时间也是在计算的误差之内的，这是一点。

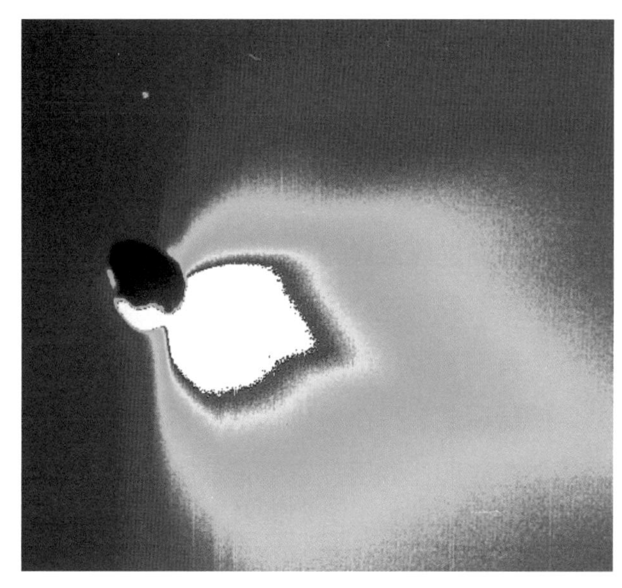
▲ 撞击发生 50 分钟以后

从刚才的画面来看，撞击的时候，喷发的物质飞得很高，原来是很小的核，撞击之后有很大的喷射。之前大家有很多预测，第一个是彗核是彗星的原始物质，没有受到外界的影响，或者说受外界的影响比较小，内部的结构由石头、颗粒等物质组成，会有大量的喷射物喷射出来。

从现在这个图像上看，证实了第一种可能性。当时还有另一种可能性，喷射出来的物质不是很多，但我们看到的是比较多的。

当时还有第三种可能性，太松了，撞击器撞上去之后，就钻进去了，并没有多少喷射物。

主持人：现在这种结局是最好的？

焦维新：这是大多数科学家预见的，这个彗核保持了形成时期的特点，这个是用理论说明了的。主要由冰、颗粒、尘埃组成的，冰除了水冰之外，还有氨水结成的冰，还有一氧化碳、二氧化碳和一些颗粒，总的来看还是比较松散的。我们设想一下，打在一个小行星上，它是岩石性的物质，就不会打出那么多的物质。应当说从技术上来讲，完全实现了。

主持人：我们人工发射的撞击器撞击了彗星，是不是意味着将来如果有哪颗彗星将要对地球造成威胁的话，人类可以发射一个撞击器把彗星撞击偏离轨道，有没有这种可能？

焦维新：有这种可能，现在人类正在进行大量的研究，也找出了解决问题的办法，比如一种办法是我们打上一个核弹。用什么样的核弹就要了解它的内部结构，是非常坚硬的一块，还是松散的？假如说非常坚硬，你想用一个核弹把它炸坏，可能不会很碎，很多大的碎块会向地球飞来；如果是很松散的话，变成很小的碎块，炸了之后不会对地球造成影响。我们采用什么样的核弹，要看内部结构是什么样的。

当然不只是这样的，人类也提出其他的方法，有的想法很奇怪，我们发现小行星有撞击地球的危险，我们在附近爆炸一个核弹，这个核弹爆炸产生了推力，使彗星或者是小行星偏离它的轨道。还有人提出，在彗核上安装巨大的太阳帆，在光照压力下使它逐渐改变轨道。也有人设想发射一个激光器，用激光器照射，热量集中一点，导致它本身发生爆炸，这样的话原来是比较大的天体，爆炸后就变小了。

主持人：这第一次探索还是非常成功的。说到这次撞击，可能会避免以后的彗星撞击地球，或者会给我们提供一定的经验，具体到这次撞击，会不会威胁到地球的安全呢？

焦维新：这次不会，因为科学家们已经进行了测算，这次撞击产生的动能大概等效于 5 吨 TNT 炸药的能量，彗星速度的变化是 0.0005 毫米，每秒变化这么一点，所以对轨道的影响是很小的、微乎其微的，有的科学家说好比是一个蚊子撞到波音 747 飞机上，对飞机不会有什么影响。

主持人：同时对地球的安全也不会造成影响。

焦维新：说到这儿，看这个节目的中学生可以算一算撞击器的动量是多少。撞击器重量是 370 千克，速度大约为 10.2 千米 / 秒。而彗核的质量大约是 0.1×10^{11} 吨到 2.5×10^{11} 吨，用动量定理算一算，这个变化有多少？这是中学生可以算的。

主持人：很多中学生是科学的爱好者，他们怎么样看待这次撞击的景象？

焦维新：这次在我们国家不适合观看，我们国家是白天，直接地观看是无法看的。地面观察在西半球比较适于观测，目前根据报道，全世界 20 多个国家、60 多个地面站同时对这个事件进行观测，太空望远镜，包括空间红外望远镜和太空的观测站同时对这个重大事件进行观测。如果想了解这个过程，可以在网上看，很多网站都有现场直播。

主持人：回过头来再说，今天这次人造天象是非常成功的，之前我们对彗星的研究有多少，曾经进行过多少次探测?

焦维新：对彗星的探测，我们有这么几种方式，一个是地面观测，它的优点是可以对彗星进行长期的连续观测，但由于距离比较远，不能了解彗星内部的结构，只能看到一个亮亮的头部拉着一个长长的尾巴。

第二种方式是发射卫星，包括像哈勃空间望远镜那样大的卫星，也可以对彗星进行观测，还有的空间望远镜是围绕彗星运行的。

第三种形式叫飞越飞船，不是围绕着彗核转，也不是撞到彗核上，是在离彗核 200~300 千米，或者是 300~400 千米远处掠过并拍摄，可以得到表面比较清晰的图形，像“星尘号”飞船的探测。我们最关心内部是什么，内部有哪些物质，那就一定要用今天采取的方式，给它砸一个坑，看里面是什么情况，我们根据飞溅出的物质分析里面有什么成分。还有刚才我已经提到了，2004 年发射的罗塞塔飞船要在一颗彗星上着陆，采用钻探的方法研究彗核。

主持人：据您所知，我们国家有没有对彗星的探测计划?

焦维新：据我所知，我们还没有探测彗星的计划，但是很多单位都在着手制订月球的探测计划，现在学者和一些单位正在讨论，制订我们国家的探测火星的计划，或者是探测其他的星体，比如说金星等，这还属于调研阶段，还没有正式形成国家的计划。

主持人：我们再来看一下我们的同传那边有什么最新的消息。

同传：刚才根据前方的解说，他的结论就是这次撞击是非常成功的，精确度是非常高的，甚至达到了 1 米以内。实际上这个任务小组的人员也没有预料到有这么高的精确度。

第二个，从撞击后的效果看，比科研人员预想到的还要更大、更壮观。

主持人：焦老师有没有最新的可以给我们提示的观测方面和未来探测方面

的一些消息呢?

焦维新: 探测彗星是我们人类探测太阳系的一部分，原来一提到探测太阳系，就想到探测月球和火星。其实我们探测彗星可以揭示太阳系的演变，探测小行星也有这个目的。小行星虽然小，但是也是老寿星了，它保持了太阳系形成时的一些特点，所以在国际上也有探测小行星的计划。另外在彗星探测方面，国际上也制订了计划。

主持人: 非常感谢焦教授还有我们的曾志宏来到节目现场，之后科学家们会对探测的图像和物质进行研究，我们会在之后进行及时的跟踪报道，非常感谢大家收看这次“深度撞击”节目。

▶ 撞击结果

深度撞击为科学界提供了许多重要的成果。以下列举一些成果:

1 | 确定了这颗彗星的表层是非常多孔的。

2 | 第一个直接的证据显示了与彗星核不同部分相关的外气的化学多样性。

3 | 发现过度活跃的彗星（占所有彗星的 5%~10%）是由二氧化碳驱动的，而观测到的多余的水来自于彗发中的冰粒。极度活跃的彗星撞击过程与普

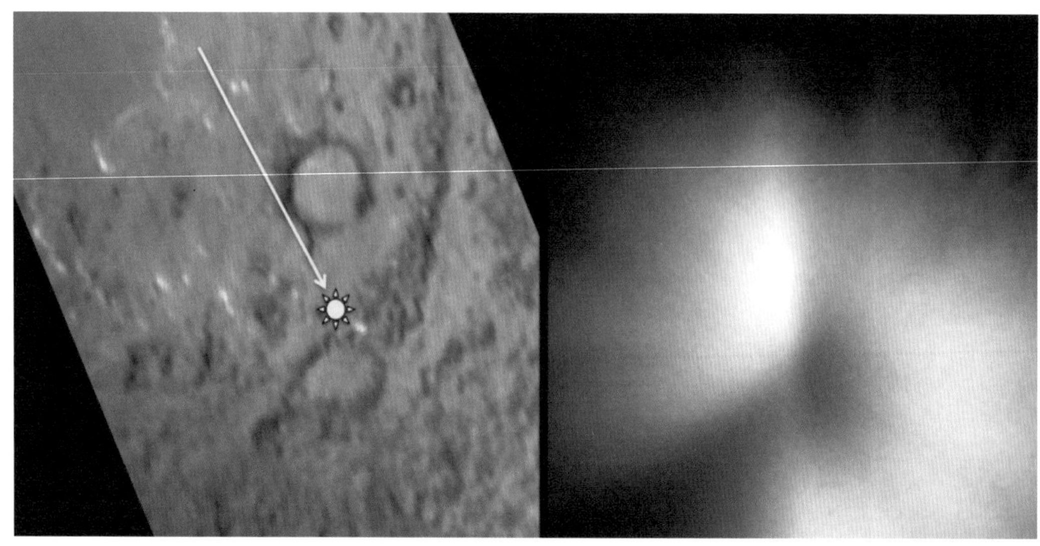

▲ 深度撞击产生的新坑

通彗星的撞击过程非常不同。

4 | 在彗星表面撞出了一个宽度约为 100 米，深达 30 米的坑。左边的图像是在撞击表面之前，撞击器的高分辨率成像仪在彗星表面上获得的最后一个图像。一个箭头显示了撞击器向地面移动的方向，一个黄色的点显示了撞击目标。右边的图片显示的是抛射物的羽流，这些物质的撞击掩盖了表面。它是在撞击后大约 700 秒获得的。

5 | 美国的 Swift 的 X 射线数据显示，更多的水被释放出来，总共有 500 万千克。

6 | 撞击抛射物比预期的要细，科学家把它比作滑石粉而不是沙子。在研究撞击的过程中发现的其他 42 种物质包括黏土、碳酸盐、钠和晶体硅酸盐，都是通过研究撞击的光谱来发现的。黏土和碳酸盐通常需要液态水才能形成，而钠在太空中是罕见的。

7 | 观测结果使人们重新思考太阳系彗星形成的位置。

8 | 在表面发现了零星分布的水冰。

“罗塞塔”探测器

▶ 罗塞塔名称的由来

2004 年 3 月 2 日，欧洲空间局发射了“罗塞塔”（Rosetta）彗星探测器，于 2014 年 8 月 6 日到达彗星 67P/ 丘留莫夫 - 格拉西缅科，并释放出彗星表面着陆器“菲莱”（Philae）。

“罗塞塔”探测器是因罗塞塔石碑而命名的。该石碑是大英博物馆 1802 年得到的。1799 年，在距埃及亚历山大城 48 千米的罗塞塔镇附近，一名法国士兵发现了一块非常特殊的石头，后来证实就是后人说的“通往古埃及文明的钥匙”——罗塞塔石碑。罗塞塔石碑的珍贵之处在于，它记录了古代地中海地区的三种重要文字——象形文字、通俗文字（埃及象形文字的草写体）和希腊文字。当时只认出了三种文字中的希腊文，后来认为三种文字源于相同的文件。1801 年，拿破仑统率的远征军被英国军队击败。根据协议，法国无条件交出在埃及发掘到的一切文物，法国人虽竭力想保留石碑，无奈英国人也认识到石碑的不同寻常，这块 762 千克重的石碑最终归于英国，陈列于大英博物馆。

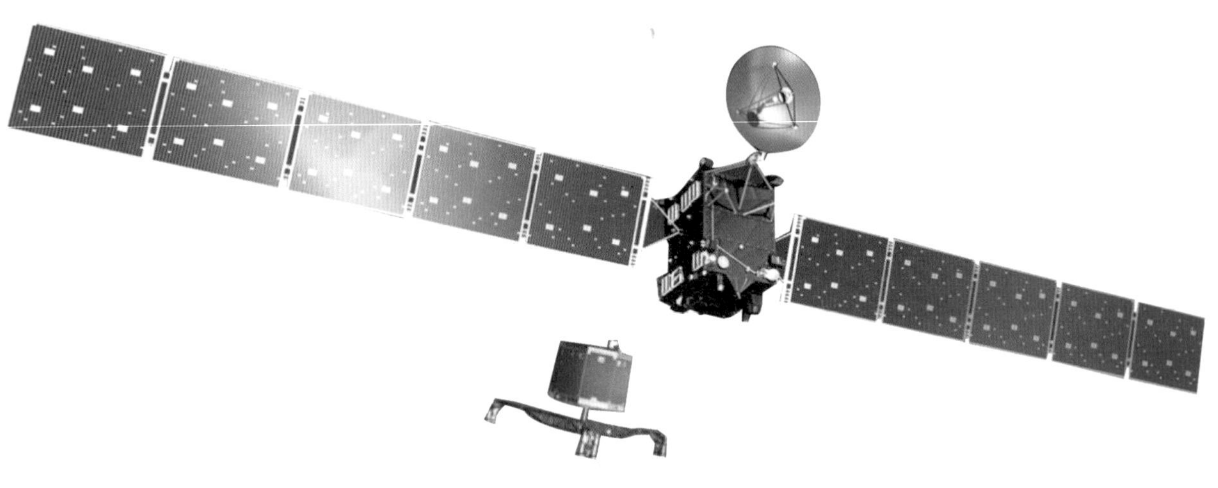

▲ “罗塞塔”探测器

着陆器“菲莱”的命名也颇具内涵。菲莱是尼罗河中的一个岛屿，在这个岛屿上发现了一个方尖柱碑，碑上有两种语言的碑文，这为法国历史学家破译罗塞塔石碑象形文字提供了线索，同时也揭示了古埃及的文明。

正像罗塞塔石碑提供了古埃及文明的钥匙一样，欧洲空间局的“罗塞塔”探测器将揭开太阳系最古老的基本单元——彗星的秘密，使科学家能追溯到46亿年前没有行星，只有围绕太阳的大群小行星和彗星的时代。

“罗塞塔”的科学目标是研究彗星的起源、彗星与星际物质之间的关系，以及它对太阳系起源的影响。未来为了实现这一目标，将进行以下方面的测量：（1）确定彗核的全局特征、动态特性、表面形态和组成；（2）确定彗核中挥发物及难溶物的化学、矿物特性，同位素组成；（3）测定彗核中挥发物和难溶物的物理性质和相互关系；（4）研究彗星活动的发展；（5）确定小行星的全球特征，包括动态特性、表面形态和组成。

▶ 边飞边看边睡

在飞往彗星的路上，“罗塞塔”探测器可够潇洒的，可以说是边飞、边看、边睡觉。2004年3月2日发射后，为了利用地球和火星的引力助推作用，先后三次飞越地球，一次飞越火星。在第二与第三次飞越地球之间，还顺便看看小行星斯坦斯。2008年9月5日，“罗塞塔”探测器以8.6千米/秒的低速（相对于之前的速度）掠过小行星斯坦斯，两者的最近距离不到800千米。在“罗塞塔”探测器造访后，欧洲南方天文台将这颗小行星描述为“天空的一颗钻石”，因为在远处看它的外观和钻石非常相似，

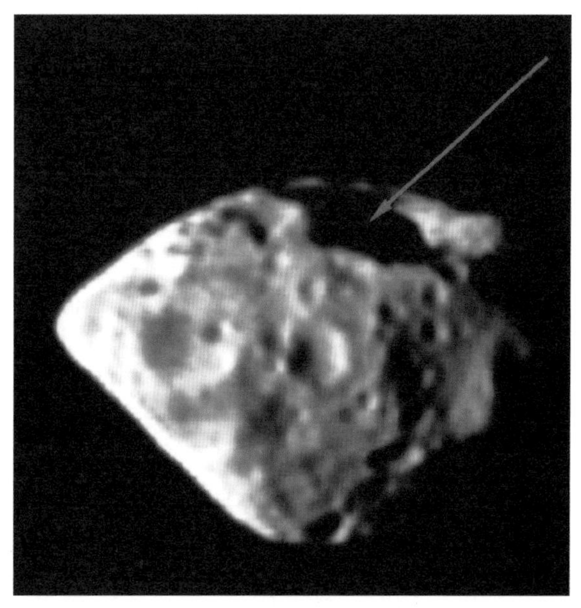
▲ 小行星斯坦斯

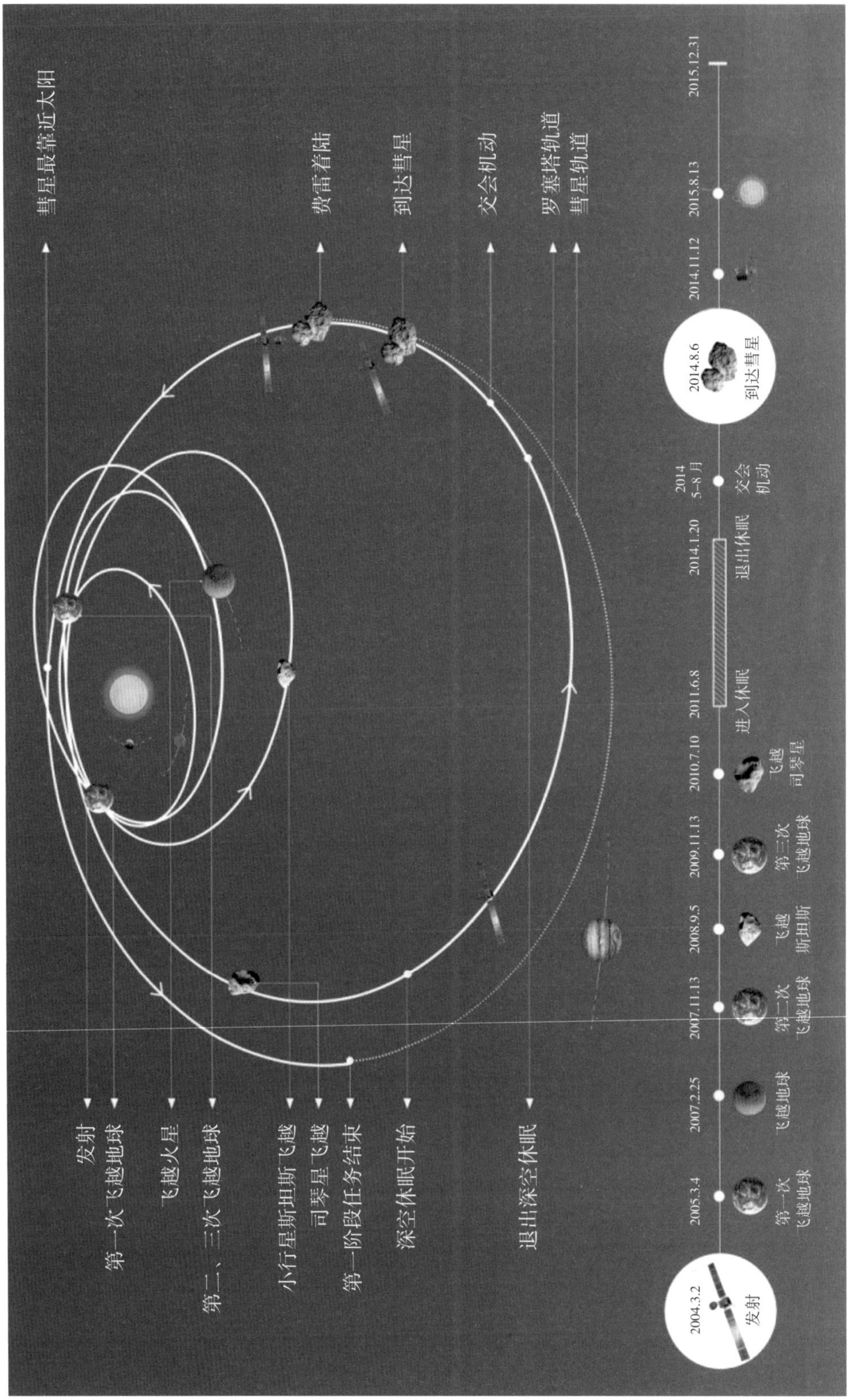

彗星最靠近太阳
发射
第一次飞越地球
飞越火星
第二、三次飞越地球
小行星斯坦斯飞越
司琴星飞越
第一阶段任务结束
深空休眠开始
退出深空休眠
费雷着陆
到达彗星
交会机动
罗塞塔轨道
彗星轨道

2004.3.2 发射
2005.3.4 第一次飞越地球
2007.2.25 飞越地球
2007.11.13 第二次飞越地球
2008.9.5 飞越斯坦斯
2009.11.13 第三次飞越地球
2010.7.10 飞越司琴星
2011.6.8 进入休眠
2014.1.20 退出休眠
2014 5–8 月 交会机动
2014.8.6 到达彗星
2014.11.12
2015.8.13
2015.12.31

▲ “罗塞塔”探测器的轨道

一极比较宽，而另外一极比较尖。在宽的一极有一个直径 2.1 千米的大环形山，这使得天文学家感到困惑：很难想象这颗直径在 5 千米左右的小行星在如此猛烈的撞击下能够保存下来。科学家通过“罗塞塔”探测器拍摄的照片计算出斯坦斯的尺寸是 6.67 千米 ×5.81 千米 ×4.47 千米。既然把它描述为“天空的钻石”，那它表面的陨石坑也该用宝石命名。你看看这些陨石坑的名字吧，个个都是宝物：玛瑙、紫翠玉、铁铝石、榴子石、天河石、钻石和锆石等，目前用宝石命名的陨石坑已经有 23 个。

2010 年 7 月 10 日，“罗塞塔”探测器在近距离飞越小行星司琴星，传送回清晰的照片。

2011 年 6 月 8 日，“罗塞塔”探测器忙活一阵子后，也感到累了，于是什么也不顾了，开始睡大觉，这一睡就是两年多，直到 2014 年 1 月 20 日，才由地面人员把它叫醒。

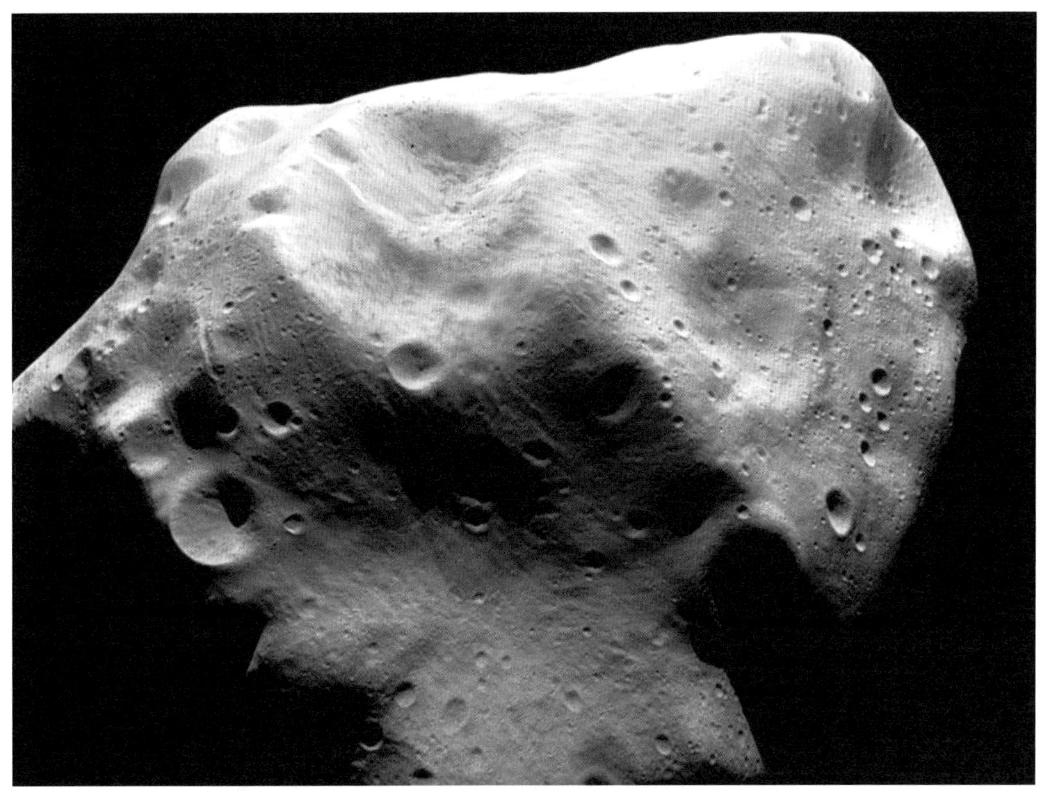

▲ 司琴星

▶ 着陆彗星

“罗塞塔”探测器于 2014 年 1 月 20 日从深度太空休眠中醒来，因为快要到彗星了。5 月至 7 月，“罗塞塔”运行至距目标彗星约 200 万千米处，向地球传回了彗星的首批图像。

▼ 远距离成像

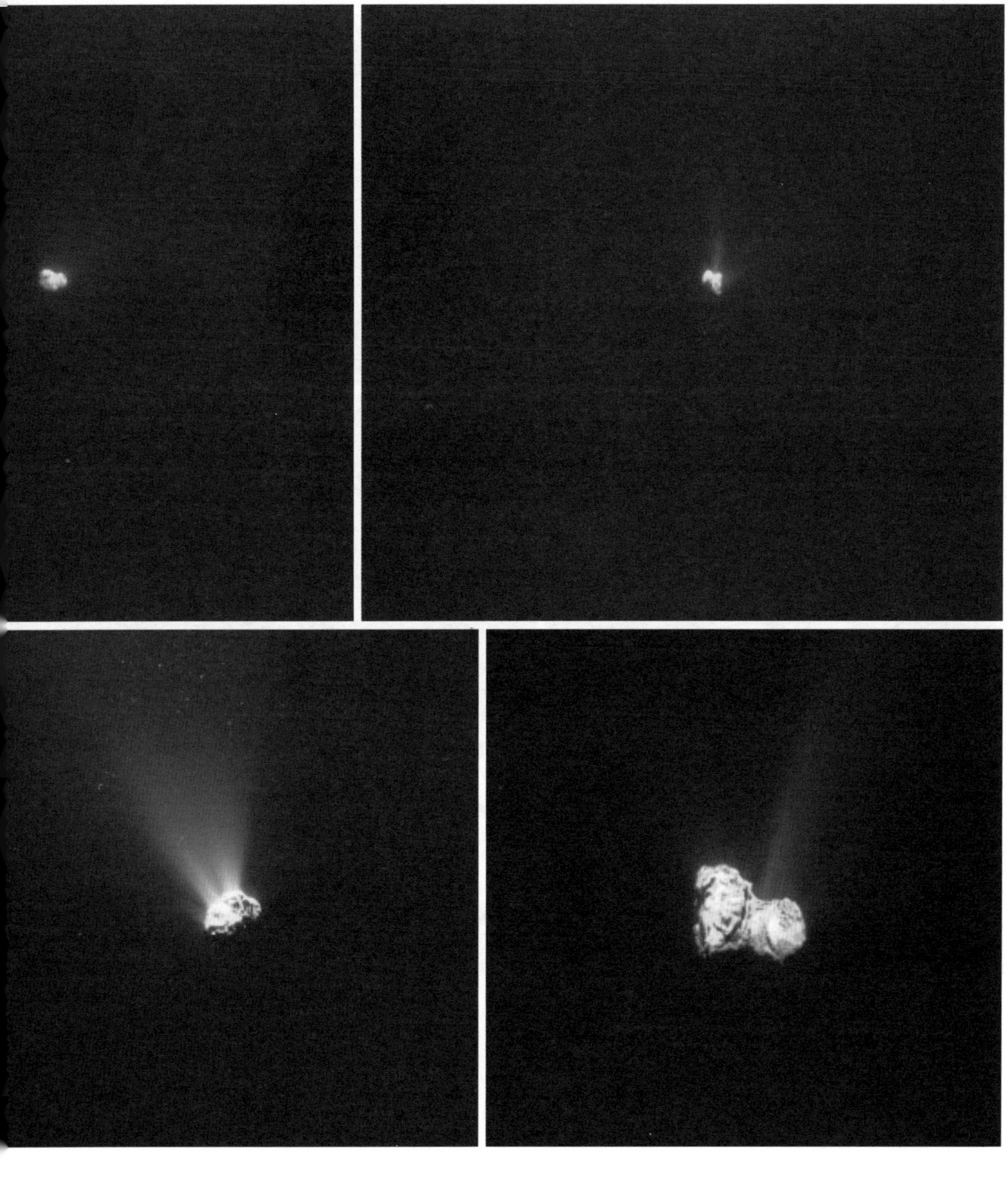

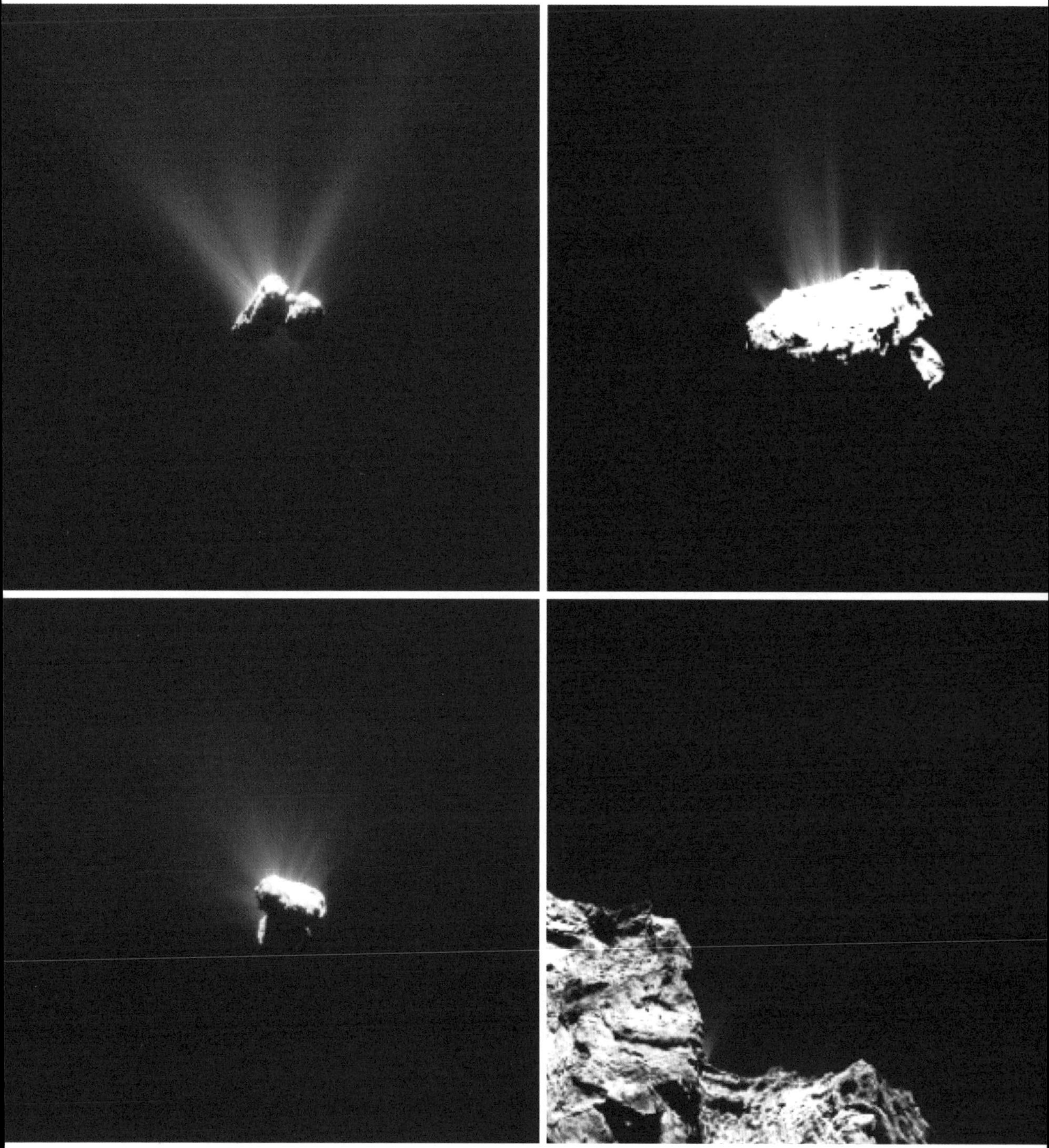

▲ 太空探照灯

▲ 不同距离的图像

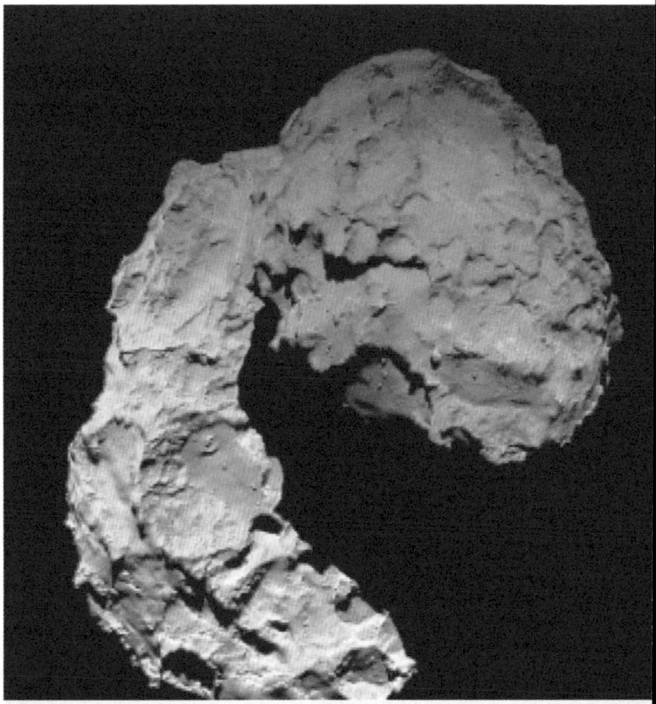

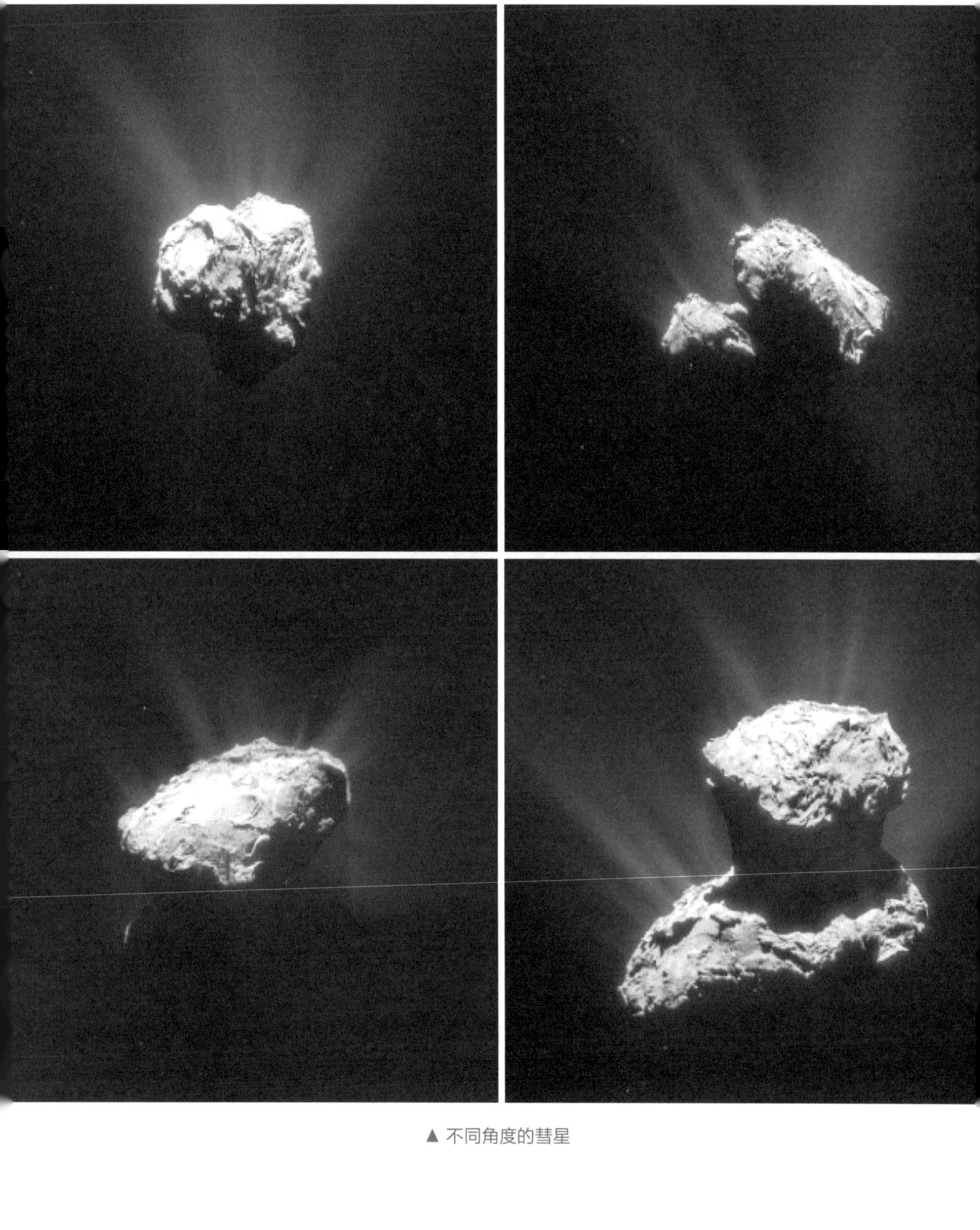

▲ 不同角度的彗星

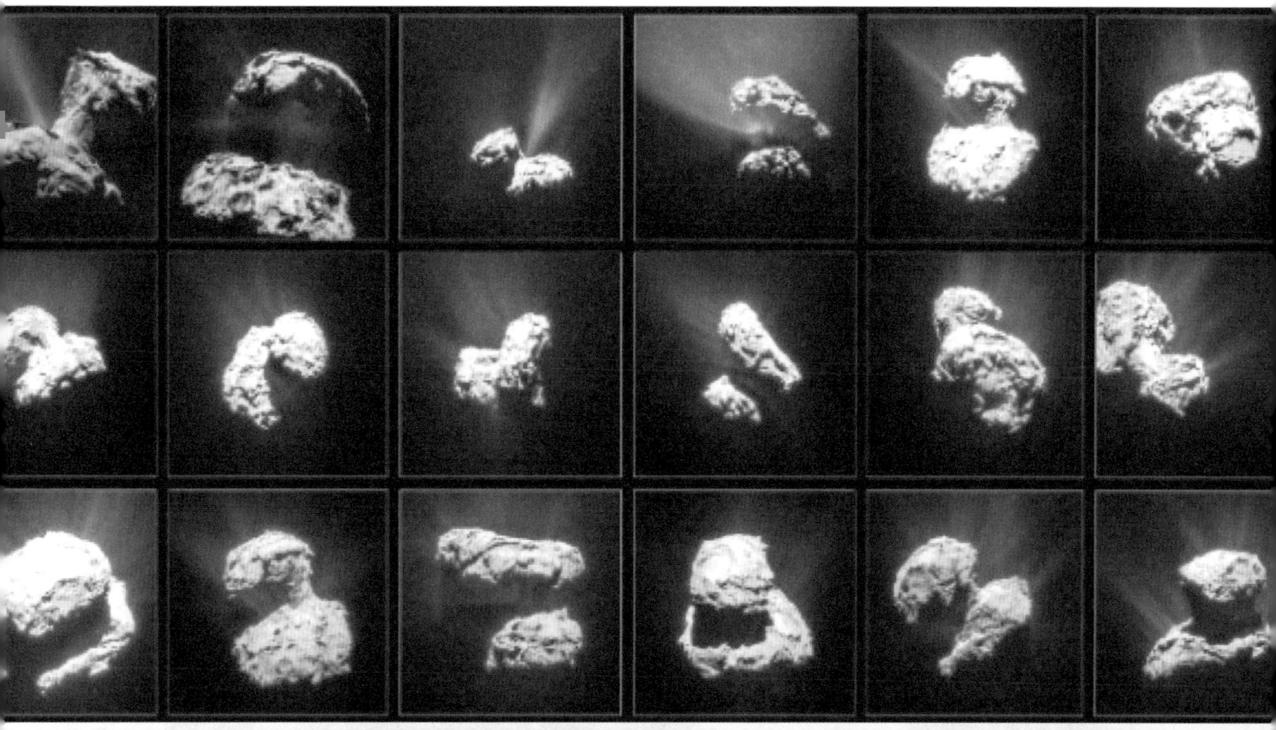

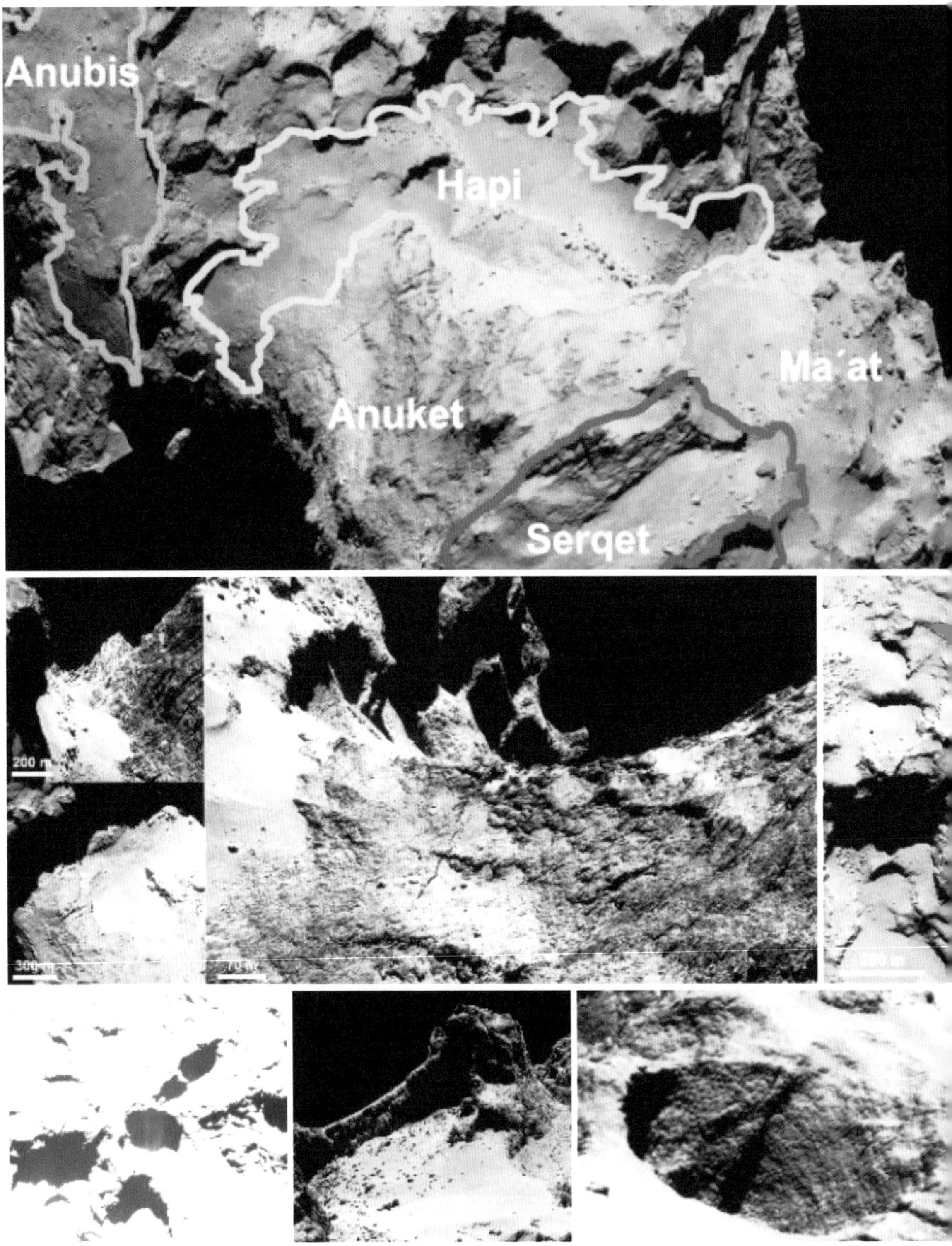

▲ 近处看到的表面

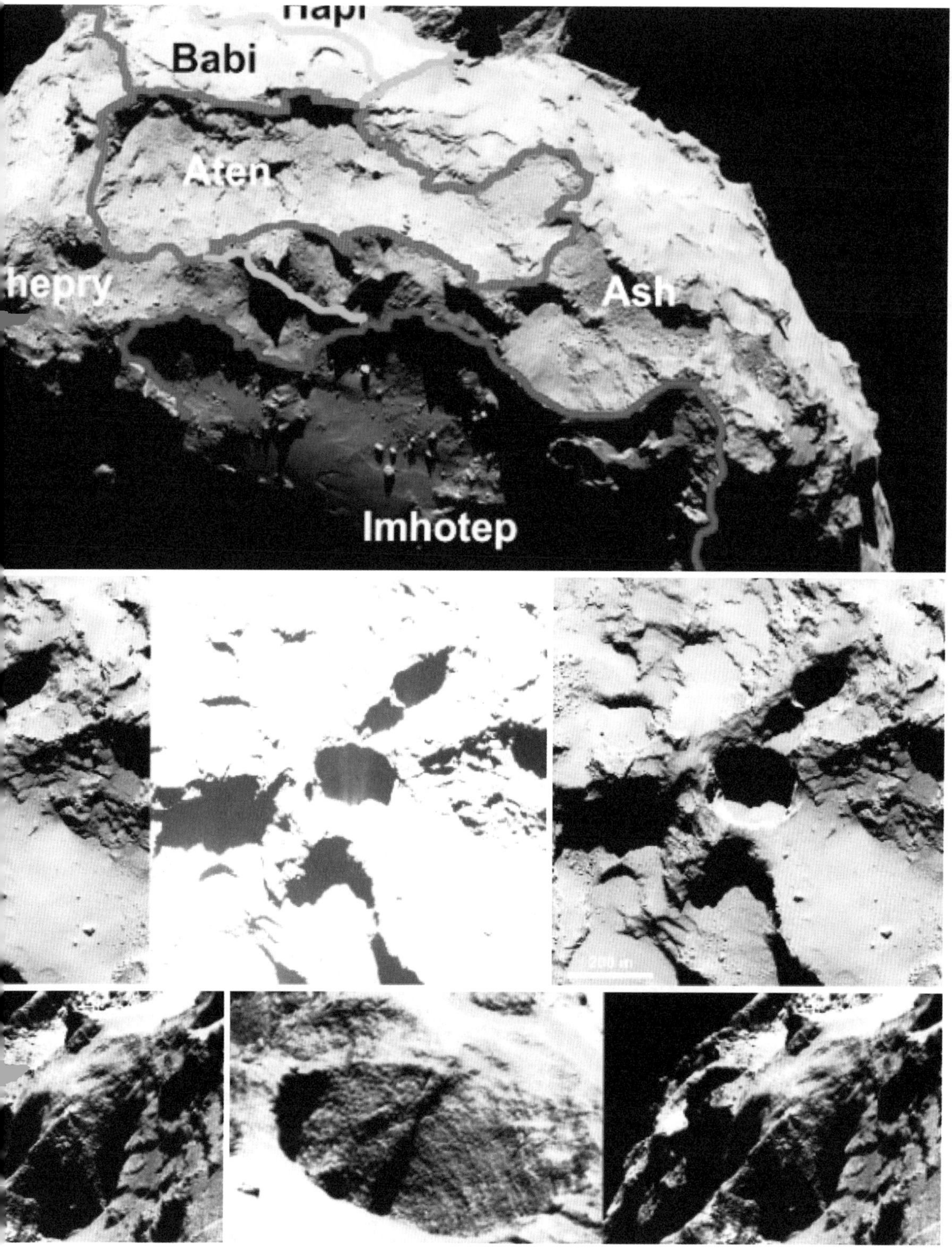
Babi
Aten
hepry
Ash
Imhotep

▲ 距离彗星 285 千米拍摄的照片

▲ 彗星 67P/ 丘留莫夫 – 格拉西缅科彗星的核

▲ 67P/ 丘留莫夫－格拉西缅科彗星的“艺术照”

“罗塞塔”探测器从 2014 年 5 月开始执行一系列机动，以便使探测器的速度降低到 775 米 / 秒，以确保它在 8 月 6 日到达彗星。

8 月 6 日，“罗塞塔”探测器抵达彗星附近 100 千米，飞船行驶的速度是 1 米 / 秒。开始对彗星表面进行为期两个月的绘图，探测其引力、质量、形状和大气等。对彗星测绘和鉴定一个稳定的轨道，以确定着陆器“菲莱”可行的着陆位置。

从 100 千米高度开始，“罗塞塔”探测器就开始绘制主要的地标，并确定其他特征，如彗星的自旋轴方向和角速度。根据这些图像，选择和评估候选着陆点。到 2014 年 8 月 25 日，已经确定了 5 个候选着陆点。

最后选择了 J 点为着陆点。“罗塞塔”探测器的着陆器“菲莱”将瞄准 J 点，这是一个有趣的区域，它提供了独特的科学潜力，附近有活动的迹象，与其他候选地点相比，着陆器的风险最小。 J 点位于彗星的头部，这是一个不规则形状的区域，在它最宽的点上，直径超过 4 千米。选择 J 点作为主要着陆点的决定是一致的。C 点作为备份，它位于彗星的主体上。这个着陆器计划于 2014 年 11 月 11 日到达表面，在那里它将以一种前所未有的方式进行深入的测量。

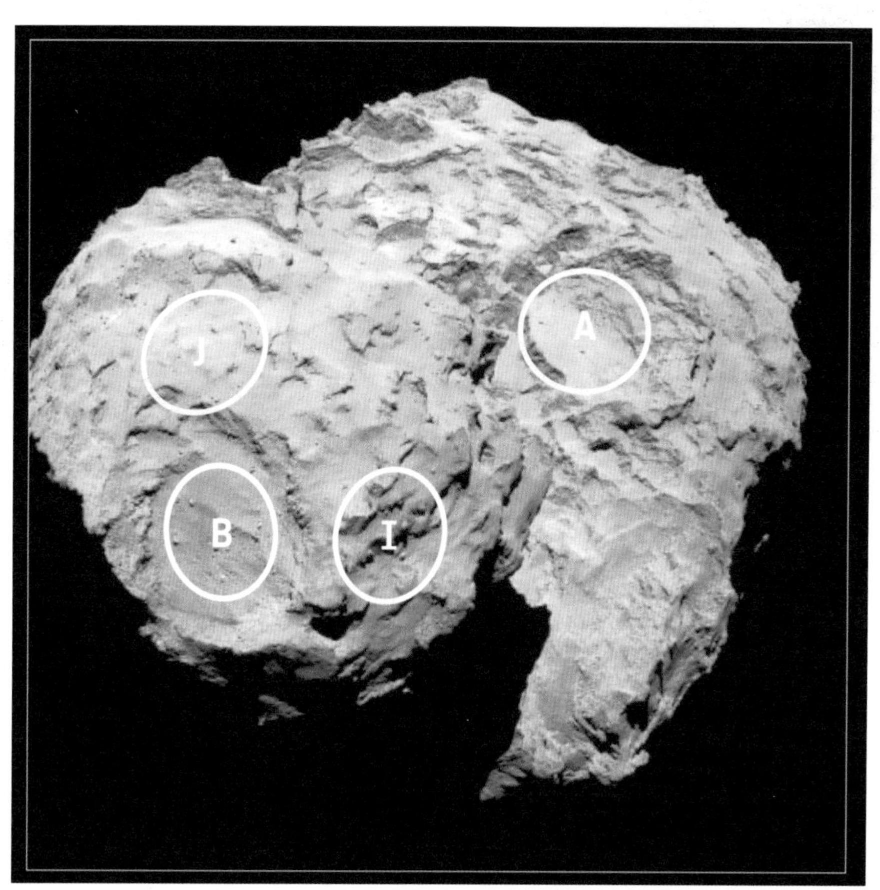

▲ 候选的 4 个着陆点

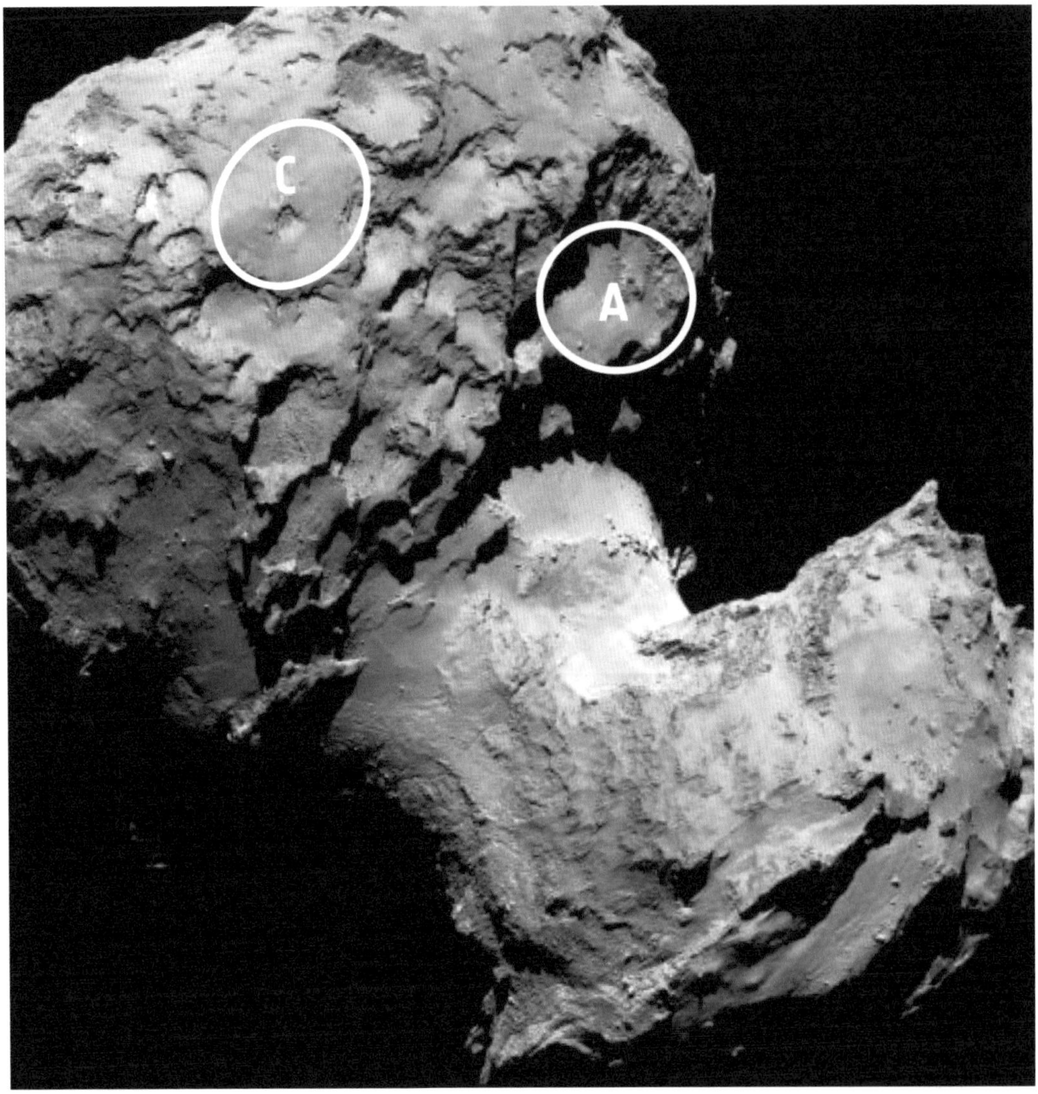

▲ 候选的两个着陆点

有趣的是，科学家还专门为“菲莱”的着陆点起了个名字，叫阿吉拉克（Agilika）岛。阿吉拉克岛是位于埃及南部尼罗河沿岸的老阿斯旺大坝水库中的一座岛屿，它是被重新安置的古埃及古庙建筑群的现址。菲莱原本是一座位于尼罗河中的岛屿，也是埃及南部一个有古埃及神庙建筑群的地方。菲莱神庙（Philae temple），位于埃及阿斯旺，修建在阿斯旺城南尼罗河中的菲莱岛上，供奉的是爱神伊西斯，以石雕及石壁浮雕上的神话故事闻名于世，是保存古埃及宗教最久的地方。19 世纪末，老阿斯旺水坝修建蓄水以后，菲莱神庙原址就

被逐渐淹没。20 世纪 60 年代开始兴建的阿斯旺水坝使得这一问题更加严重。自 1972 年起，埃及政府在联合国教科文组织的协助下，在神庙周围修建围堰，将堰中河水抽干。然后逐渐将神庙拆卸分解后搬迁到距原址 500 多米的阿吉拉克岛上，按照原样重建。1980 年 3 月，搬迁重建工作全部完成，神庙重新开放。由此可知，着陆点的名字也是与着陆器的名字有关的。

在刚触地时，着陆器又发生了一次大的反弹，随后又有一次小的反弹，最后在距阿吉拉克岛一千米远的地方着陆，这个地方的名字叫作阿比多斯（Abydos）。

“菲莱”携带了 10 个科学仪器，总质量 26.7 千克。这 10 个仪器是：阿尔法粒子 X 射线光谱仪（APXS）、彗核红外与可见光分析器（CIVA）、通过电磁波传播测量彗核内部结构的“彗核探测试验”（CONSERT）、彗核取样与成分测量仪器（COSAC）、表面和次表面的多用途传感器（MUPUS）、测量

▲ 着陆后的“菲莱”

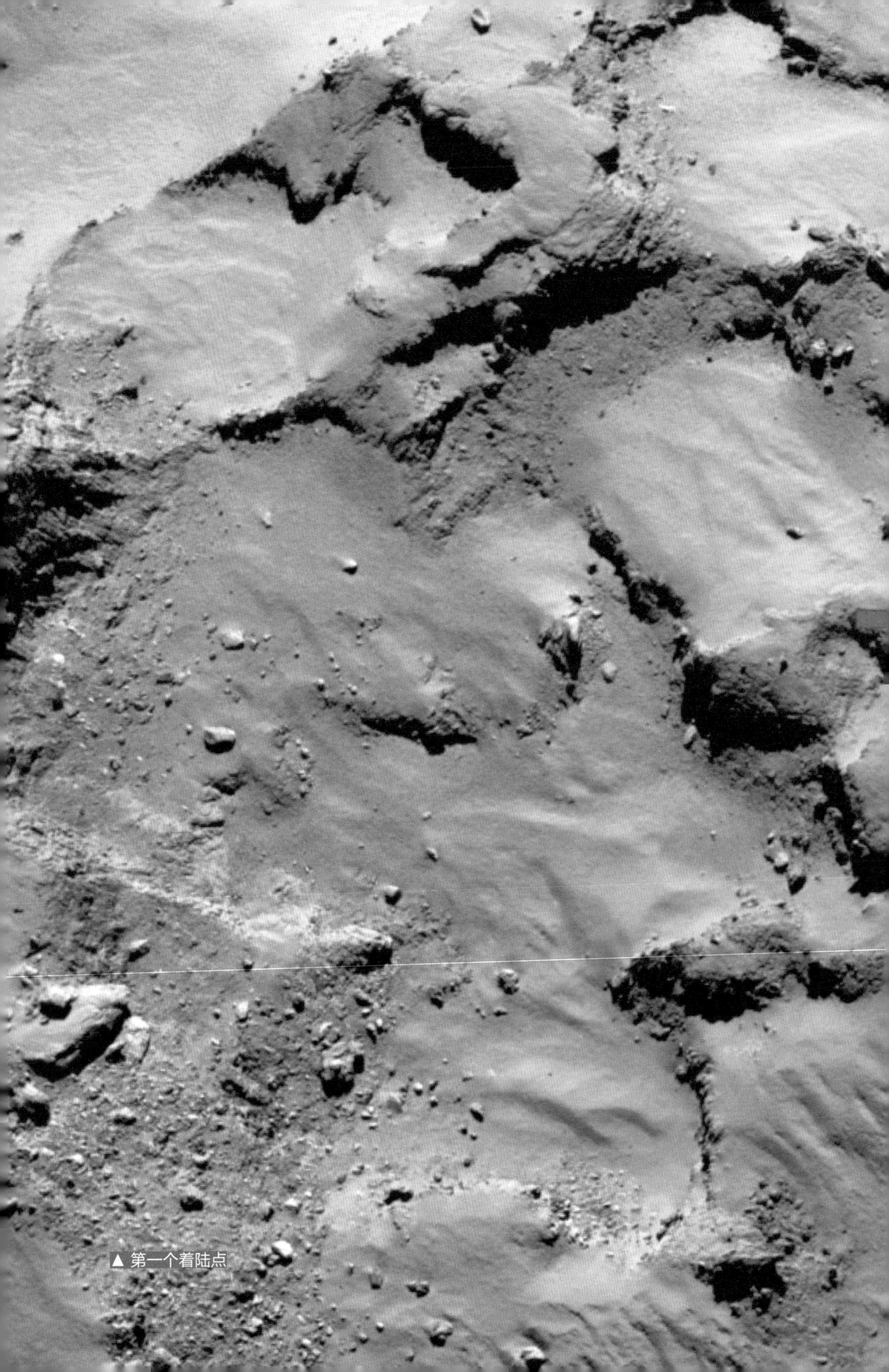

▲ 第一个着陆点

同位素比的仪器（Ptolemy）、着陆成像系统（ROLIS）、磁强计与等离子体检测仪（ROMAP）、取样钻探和分布系统（SD2）、表面电测深和声学监测实验（SESAME）。

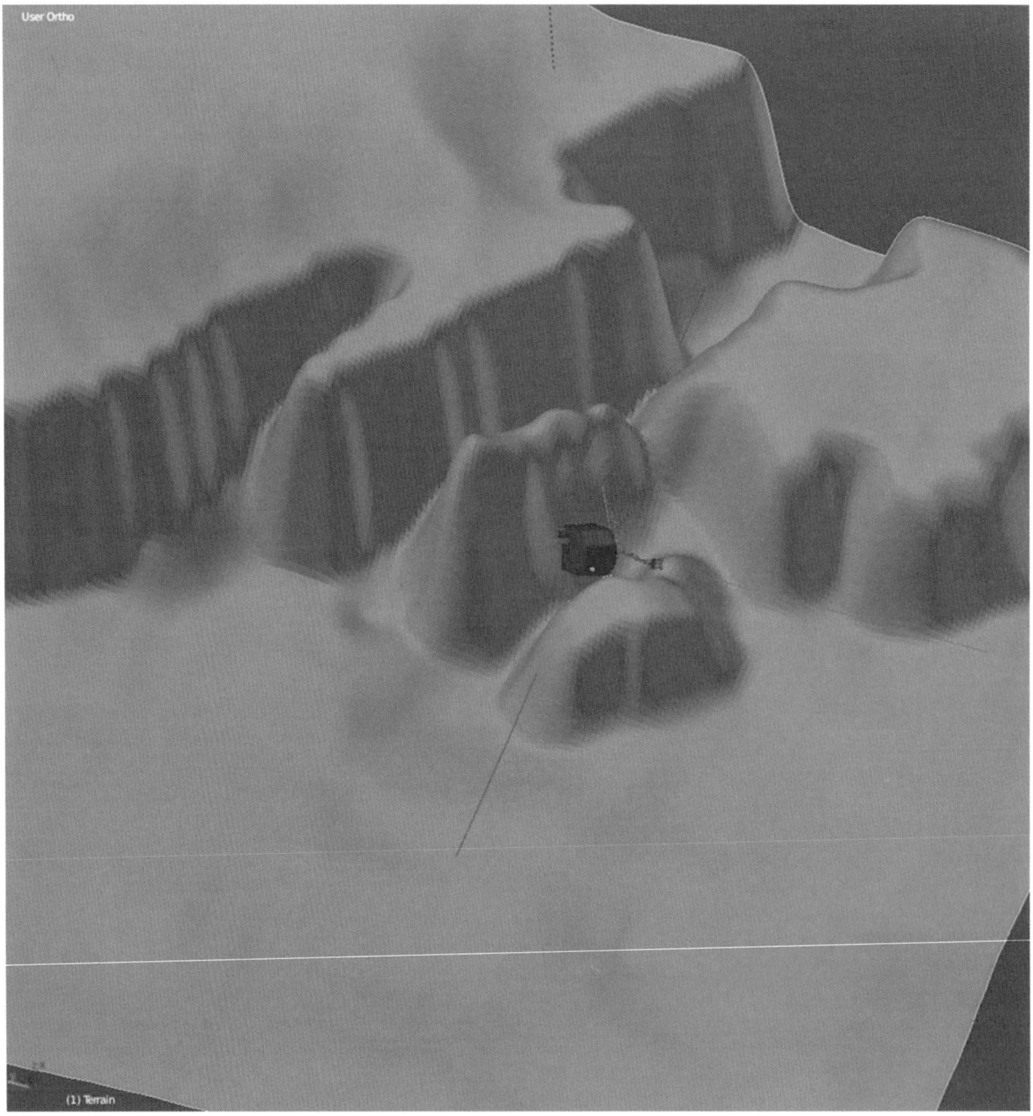

▲ 着陆点地形

重要发现

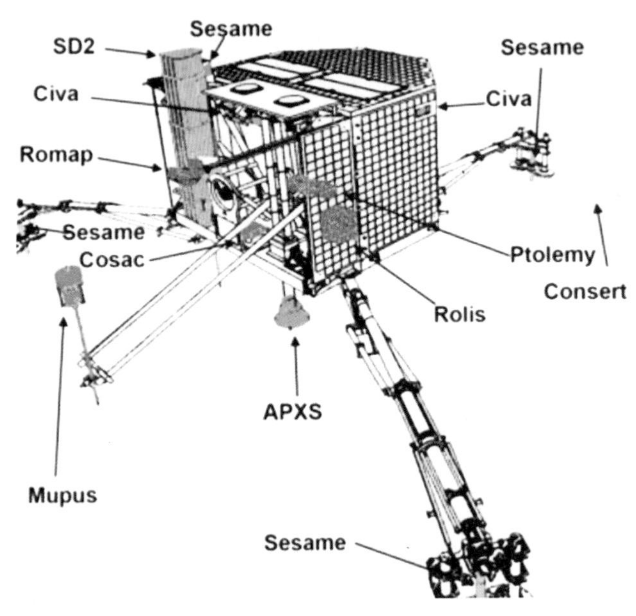

▲ “菲莱”携带的科学仪器

“罗塞塔”探测器于2014年1月20日退出休眠，到2016年9月30日结束任务，在两年多的时间里，拍摄了彗星的大量图片。拍摄位置由远到近，使人们清楚地了解了彗星的真面目，极大地丰富了人们对彗星的认识。“罗塞塔”探测器及其着陆器携带的20种仪器，对彗核进行了全方位探测，得到许多重要发现，书写了人类深空探测的新篇章。下面概述了“罗塞塔”探测器取得的十大成果。

1 | 拍摄了彗核的图像，揭示彗核的真面目

“罗塞塔”探测器从不同距离、不同角度拍摄了彗核的图像。

2 | 获得了彗星清晰的图像

“罗塞塔”探测器的一个重要成就是2014年对67P/丘留莫夫－格拉西缅科彗星的清晰观测，令每个人惊讶的是，彗星的形状就像一只鸭子。团队成员希望这颗彗星是马铃薯状的，有大量的主要着陆点，但它有两个由更薄的“脖子”连接的“脑叶”。是两颗小彗星相撞形成了鸭子的形状，还是一块石头以一种不同寻常的方式受侵蚀，形成了“脖子”，或者，彗星实际上是很久以前两个天体相互碰撞并融合

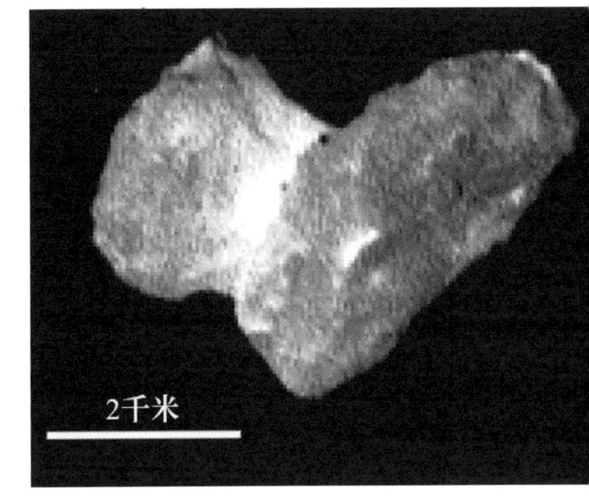

▲ 鸭子形状的彗核

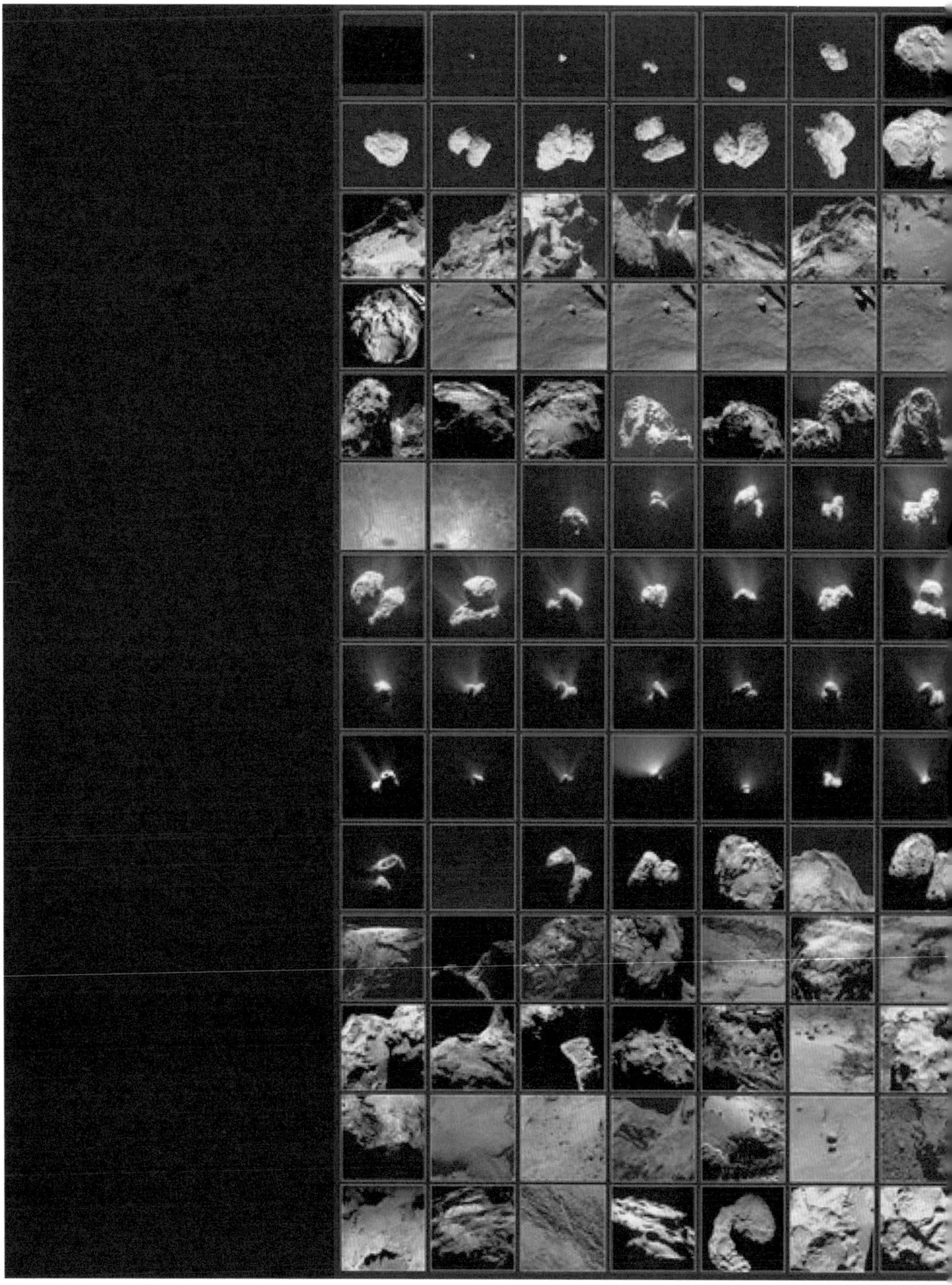

▲ 对彗星不断变化的观察

在一起的，这些没人知道，只是猜想。

3 | 彗星有非常复杂的地形

几千年来，我们对彗星的唯一看法是天空中明亮的条纹。但是，“罗塞塔”探测器的相机向世界展示了这些小的冰世界是多么的复杂。67P/ 丘留莫夫－格拉西缅科彗星有悬崖和峡谷、巨石和怪异的突起、漆黑的坑和精细的裂缝，以及像沥青一样坚硬的区域，其他的则像沙子一样柔软。

4 | 彗星含有生命的基本单元

在对彗星大气的详细研究中，“罗塞塔”探测器发现了通常存在于蛋白质中的氨基酸甘氨酸以及磷，这是 DNA 和细胞膜的关键组成部分。此外，“罗塞塔”探测器检测到乙醇，它的着陆器模块“菲莱”检测到了乙醇醛。“罗塞塔”探测

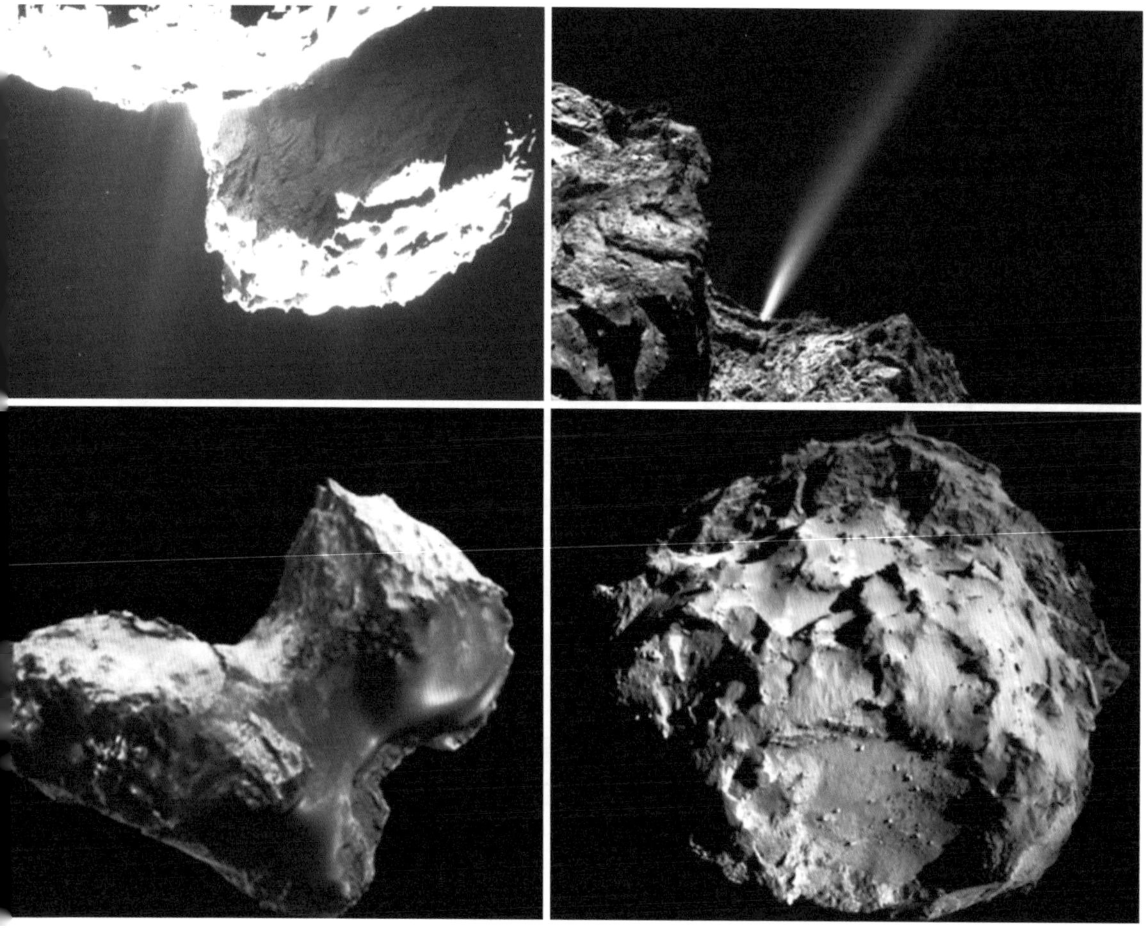

▲ 复杂的地形

器还直接分析了彗星尘埃，从而揭示了一种比预期更复杂的碳形式。

长期以来，科学家们一直在争论，认为水和有机分子是由小行星和彗星在其形成后冷却下来的，为生命的出现提供了一些关键的组成部分。虽然已经知道一些彗星和小行星有像地球海洋这样的成分的水，但“罗塞塔”探测器发现了它在彗星上的显著差异，从而引发了关于它们在地球水起源中所扮演角色的争论。但新的研究结果表明，彗星仍然有可能提供关键的成分来建立我们所知的生命。

“菲莱”着陆器在彗星上发现了 16 种有机化合物。

5 ｜彗星可能是干燥的

67P/ 丘留莫夫 - 格拉西缅科彗星有水，但它的化学特征与地球上完全不同。这可能违背了彗星在太阳系年轻时为地球提供水源的理论。彗星显著的特征是它们明亮的尾巴或者彗发，它们是由冰和尘埃组成的，当彗星接近太阳时，它们就会从表面散发出来。由于已知彗星有大量的冰，科学家们预计在 67P/ 丘留莫夫 - 格拉西缅科彗星的表面会发现大量的冰斑。

但是当“罗塞塔”探测器第一次到达时，发现 67P/ 丘留莫夫 - 格拉西缅

▲ 表面是尘埃和岩石，但不是冰

科彗星被烘干了。

67P/ 丘留莫夫－格拉西缅科彗星以其他方式挑战了欧洲空间局团队的期望，他们发现它的表面覆盖着光滑的尘埃平原和崎岖的岩石峭壁。科学家们希望能在彗星表面找到水冰，与流行的“脏雪球”假说相一致。该假说描述了一种观点，即彗星主要是由冰构成的，里面有一些尘埃和岩石。但是 67P/ 丘留莫夫－格拉西缅科彗星与这个假设相矛盾，它的表面几乎没有冰。相反，它的外观是多样的，而且尘土飞扬。巨大的沙丘和平坦的平原覆盖了彗星的部分区域。表面上的其他特征包括岩石巨石、悬崖和凹坑。彗核是一个尘埃球而不是“脏雪球”。

6 ｜彗星“唱歌”

“罗塞塔”探测器的等离子体探测器包含了一种灵敏的磁力仪，当宇宙飞船接近彗星时，它捕捉到了一个低频的嗡嗡声。科学家们认为，肯定是彗星气体和尘埃喷射流中的带电粒子制造出这些极其低频的声音，但它们背后的精确机制却很神秘。

67P/ 丘留莫夫－格拉西缅科彗星的嗡嗡声大约是 40~50 毫赫兹，远低于 20 赫兹到 20 千赫之间的典型人类听觉范围。但是科学家们能够加快研究速度，这样人们就能听到它了。

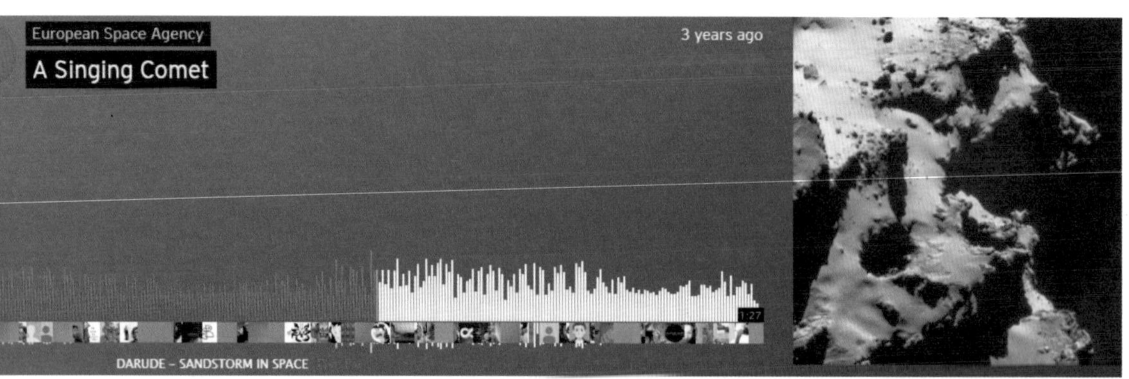

▲ 记录到的声音

7 ｜彗星发出臭味

当“菲莱”着陆时，它的传感器探测到彗发中有几处带着恶臭的物质。其中包括硫化氢、氨和氰化氢化合物，它们分别被称为“臭鸡蛋”“猫尿”“苦杏

仁”。大部分的彗发是由水蒸气、二氧化碳和一氧化碳组成的，没有任何一种气味。但是，这种更臭的化合物启发了“罗塞塔”的科学家们，他们雇用了一家名为“香气公司”的英国气味公司，生产一种闻起来像 67P/ 丘留莫夫 – 格拉西缅科彗星的香水。

彗星是太阳系早期遗留下来的物质所组成，而“罗塞塔”的目标之一就是确定它们是否都是由相同的物质构成的。如果一些彗星不同，这就解释了在地球上开始生命所需的分子的起源。至于这种气味，其分子的浓度非常低，所以一个人站在 67P/ 丘留莫夫 – 格拉西缅科彗星上可能不会注意到这种气味，你可能需要一只好狗来闻它。

▼ 彗星表面图像

8 | 在 67P / 丘留莫夫 – 格拉西缅科彗星表面上发现了氧气

科学家首次在一颗彗星上发现了氧气，这一发现可能会颠覆关于太阳系形成的理论。

2015 年 10 月的一期《自然》杂志上报道，一个国际小组在 67P/ 丘留莫夫 – 格拉西缅科彗星的核心周围（彗发）发现了大量的分子氧。虽然在木星和土星上发现了分子氧，但在彗星上却从未发现过。大多数彗星的中性气体组成部分主要由水、一氧化碳和二氧化碳组成。

9 | 重水对水的比率是地球上的三倍以上

通过"罗塞塔"探测器仪器的测量发现，在 67P / 丘留莫夫 – 格拉西缅科彗星上的水比地球上的水含有大约三倍的重氢。这个比率被视为一种独特的标记，似乎推翻了地球从彗星获得水的理论。

10 | 67P/ 丘留莫夫 – 格拉西缅科彗星有"山崩"现象发生

2016 年 7 月 3 日，"罗塞塔"探测器的奥西里斯广角照相机拍摄到一缕来自于 67P/ 丘留莫夫 – 格拉西缅科彗星的尘埃。烟柱的阴影投射在伊姆霍特普地区的盆地上。从科学的角度来看，这种烟柱特别有用。除了观察羽流和羽流本身的位置，"罗塞塔"探测器还通过喷射物质，使仪器能够收集有价值的现场测量数据。对这些数据的分析表明，一些尚未确定的地下能量来源有助于为羽流提供动力，推论可能是"山崩"现象。

▲ "山崩"现象